高职高专国家示范性院校机电类专业课改教材

# 变频器技术应用与实践

## （三菱、西门子）

### （第三版）

主　编　袁　勇

副主编　程月平　董爱娟

参　编　鲍　方

西安电子科技大学出版社

# 内 容 简 介

　　本书按照项目导向、任务驱动的模式，以三菱和西门子公司的变频器为载体组织内容。全书分为 4 个情景：变频器的基础知识，变频器的基本控制，变频器在典型控制系统中的应用，变频器的故障分析、诊断及调试。每个情景以具体的项目实例来介绍变频器的使用方法，可使初学者快速入门并掌握变频器的基本使用方法。

　　本书可作为大专院校的教材或教学参考书，也可供自动化和机电一体化工程技术人员使用。

**图书在版编目(CIP)数据**

变频器技术应用与实践：三菱、西门子 / 袁勇主编. --3 版. --西安：西安电子科技大学出版社，2023.12
ISBN 978-7-5606-7085-0

Ⅰ.①变…　　Ⅱ.①袁…　　Ⅲ.①变频器　　Ⅳ.①TN773

中国国家版本馆 CIP 数据核字(2023)第 200401 号

策　　划　　秦志峰
责任编辑　　秦志峰
出版发行　　西安电子科技大学出版社(西安市太白南路 2 号)
电　　话　　(029)88202421　88201467　　邮　　编　　710071
网　　址　　www.xduph.com　　　　电子邮箱　　xdupfxb001@163.com
经　　销　　新华书店
印刷单位　　陕西博文印务有限责任公司
版　　次　　2023 年 12 月第 3 版　　2023 年 12 月第 1 次印刷
开　　本　　787 毫米×1092 毫米　1/16　印张 14.25
字　　数　　338 千字
定　　价　　39.00 元
ISBN 978 - 7 - 5606 - 7085 - 0 / TN

**XDUP 7387003-1**

**＊＊＊ 如有印装问题可调换 ＊＊＊**

# 前　言

变频器是自动控制系统的重要组成部分，广泛地应用于机电一体化、工业自动控制等领域。随着工业自动化水平的不断提高，变频器的应用越来越广泛，变频器调速技术作为工业领域的成熟技术以其优异的节能效果和较高的控制精度越来越受到企业的重视，并逐渐成为电动机调速的主流应用技术。

本书从高职高专学生的接受能力和工程实际出发，主要以三菱系列变频器和西门子系列变频器为载体，介绍了变频器的基础知识、基本控制、简单工程应用，以及故障分析、诊断及调试等相关内容。

本书共4个情景，22个项目。情景一为变频器的基础知识，包括变频器的选用、变频器的安装与调试、变频器的日常维护及变频器的基本功能4个项目；情景二为变频器的基本控制，包括正转连续运行控制、正反转运行控制、外接两地控制、变频与工频切换控制、基于 PLC 的多段速控制、变频器调速系统的闭环控制、西门子 G120 变频器的控制与应用7个项目；情景三为变频器在典型控制系统中的应用，包括基于 PLC 的工业洗衣机变频控制系统、变频器恒压供水(西门子)、数控机床的变频器控制(西门子)、传送带的变速控制(西门子)和提升机的制动控制(西门子)5个项目；情景四为变频器的故障分析、诊断及调试，包括变频器主电路维修、变频器过电压故障维修、变频器缺相故障维修、变频器过载故障维修、变频器过电流故障维修及变频调速系统安装与调试6个项目。本书以项目式教学模式编写，情景一和情景二按照"学习目标—工作任务—知识讲座—任务实施—能力测试(或项目拓展)—考核及评价"的顺序展开，让学生掌握变频器的基本应用，为变频器的工程应用打下坚实的基础。情景三和情景四按照"项目背景及要求—知识讲座—项目解决方案(或案例分析)"的顺序阐述，让学生具备工程实际应用的能力。

本书由武汉职业技术学院袁勇担任主编，武汉职业技术学院程月平和秦皇岛职业技术学院董爱娟担任副主编，程月平编写了情景一，董爱娟编写了情景三的项目一和项目二，武汉职业技术学院鲍方编写了情景四的项目一和项目二，其他内容由袁勇编写。全书由袁勇统稿。

本书在编写的过程中，参考了相关资料和文献，在此向其作者表示衷心的感谢！

由于编者水平有限，书中难免有疏漏与不足之处，恳请读者批评指正。

编　者

2023 年 3 月

# 目 录

# 情景一

## 变频器的基础知识

# 项目一　变频器的选用

## 一、学习目标

掌握变频器选用的基本知识。

## 二、工作任务

(1) 掌握变频器容量的计算方法。
(2) 了解变频器的分类和类型。

变频器的选用

## 三、知识讲座

### (一) 变频器的分类

目前国内外变频器的种类很多，可按以下几种方式分类。

#### 1. 按变频器变流环节分类

1) 交—直—交变频器

交—直—交变频器又称为间接变频器，其基本组成电路有整流电路和逆变电路两部分，整流电路将工频交流电整流成直流电，逆变电路再将直流电逆变成频率可调节的交流电。图 1-1-1 为交—直—交变频器的原理框图。根据变频电源的性质，变频器可分为电压型变频器和电流型变频器。

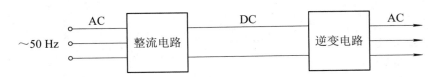

图 1-1-1　交—直—交变频器的原理框图

(1) 电压型变频器。在电压型变频器中，整流电路产生的直流电压通过电容进行滤波后供给逆变电路。由于采用大电容滤波，故输出电压波形比较平直，在理想情况下可以将电压型变频器看成一个内阻为零的电压源，逆变电路输出电压的波形为矩形波或阶梯波。电压型变频器多用于不要求正反转或快速加减速的场合。电压型变频器的主电路结构如图 1-1-2(a)所示。

(2) 电流型变频器。当交—直—交变频器的中间直流环节采用大电感滤波时，直流电流波形比较平直，因而电源内阻很大，对负载来说电流型变频器基本上是一个电流源，逆变电路输出电流的波形为矩形波。电流型变频器适用于频繁可逆运转和要求大容量的场合。电流型变频器的主电路结构如图 1-1-2(b)所示。

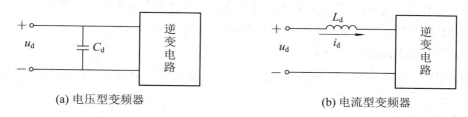

(a) 电压型变频器               (b) 电流型变频器

图 1-1-2 电压型和电流型变频器的主电路结构

对于变频调速系统来说，由于异步电动机是感性负载，不论它处于什么状态，功率因数都不会等于 1.0，因此在中间直流环节与电动机之间总存在无功功率的交换，这种无功能量只能通过直流环节中的储能元件来缓冲。电压型变频器和电流型变频器的主要区别是用什么储能元件来缓冲无功能量。

2) 交—交变频器

单相交—交变频器的原理框图如图 1-1-3 所示。它只用一个变换环节就可以把恒压恒频(CVCF)的交流电源转换为变压变频(VVVF)的交流电源，因此，它又称为直接变频器。

图 1-1-3 单相交—交变频器的原理框图

单相交—交变频器输出的每一相都是一个两组晶闸管整流反并联的可逆电路，如图 1-1-4(a)所示。

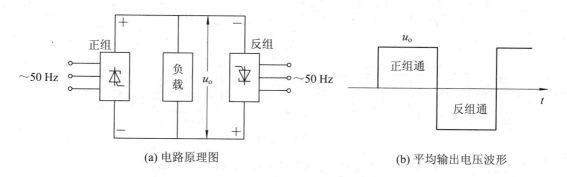

(a) 电路原理图               (b) 平均输出电压波形

图 1-1-4 单相交—交变频器电路及波形

电路由正组和负组反并联的晶闸管变流电路构成，两组变流电路接于同一个交流电源上。两组变流电路都是半控电路，正组工作时，负载电流自上而下，为正向；反组工作时，负载电流自下而上，为负向。让两组变流电路按一定的频率交替工作，负载就得到该频率的交流电，其输出波形如图 1-1-4(b)所示。如果改变两组变流电路的切换频率，就可以改变输出到负载上的交流电压频率；如果改变交流电路工作时的触发延迟角 $\alpha$，就可以改变交流输出电压的幅值。

对于三相负载，需用三套反并联的可逆电路，平均输出电压相位依次相差120°。这样，如果每个整流电路都用桥式，则共需 6 个晶闸管。

### 2. 按输出电压调制方式分类

根据调压方式的不同，交—交变频器又分为脉幅调制(PAM)变频器和脉宽调制(PWM)变频器两种。

#### 1) 脉幅调制变频器

脉幅调制是指通过改变电压源的电压 $E_d$ 或电流源的电流 $I_d$ 的幅值进行输出控制的方式。因此，在逆变电路部分只控制频率，在整流电路部分只控制电压或电流。采用脉幅调制方式调压时，变频器的输出波形如图 1-1-5 所示。

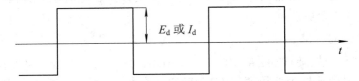

图 1-1-5　脉幅调制方式调压时输出的波形

#### 2) 脉宽调制变频器

脉宽调制是指变频器输出电压的大小是通过改变输出脉冲的占空比来实现的。目前使用最多的是占空比按正弦规律变化的正弦波脉宽调制方式，即 SPWM 方式。采用脉宽调制方式调压时，变频器输出的波形如图 1-1-6(b)所示。

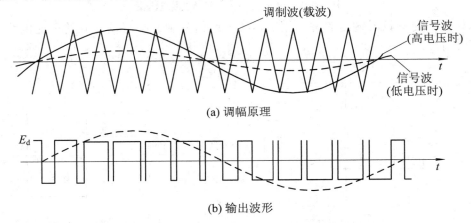

(a) 调幅原理

(b) 输出波形

图 1-1-6　脉宽调制方式调压时的调幅原理和输出波形

### 3. 按变频的控制方式分类

按控制方式不同，变频器可以分为 V/f 控制变频器、SF 控制变频器和 VC 控制变频器三种类型。

#### 1) V/f 控制变频器

V/f 控制即压频比控制。它的基本特点是对变频器输出的电压和频率同时进行控制，通

过保持 $U/f$ 值恒定使电动机获得所需的转矩特性。基频以下可以实现恒转矩调速，基频以上则可以实现恒功率调速。这种控制方式的成本低，多用于精度要求不高的通用变频器中。

2）SF 控制变频器

SF 控制即转差频率控制，是在 V/f 控制基础上的一种改进方式。在转差频率控制中，变频器通过在电动机上安装速度传感器构成速度反馈闭环调速系统。变频器的输出频率由电动机实际转速对应的频率与转差频率之和自动设定，从而达到在控制调速的同时也使输出转矩得到控制的目的。该方式是闭环控制，故与 V/f 控制相比，其调速精度与转矩动态特性较优。但是由于这种控制方式需要在电动机轴上安装速度传感器，并须依据电动机特性调节转差，故通用性较差。

3）VC 控制变频器

VC 控制即矢量控制，是 20 世纪 70 年代针对交流电动机提出来的一种控制技术，也是异步电动机的一种理想调速方法。V/f 控制和 SF 控制的基本思想都建立在异步电动机的静态数学模型上，因此，采用这两种控制方式时，动态性能指标都不高。而采用 VC 控制方式可提高变频调速系统的动态性能。VC 控制的基本思想是将异步电动机的定子电流分解为产生磁场的电流分量(励磁电流)和与其相垂直的产生转矩的电流分量(转矩电流)，并分别加以控制，即模仿直流电动机的控制方式对电动机的磁场和转矩分别进行控制，可获得类似于直流调速系统的动态性能。由于在这种控制方式中必须同时控制异步电动机定子电流的幅值和相位，即控制定子电流矢量，故这种控制方式被称为 VC 控制。

VC 控制变频器不仅在调速范围上可以与直流电动机相匹配，而且可以直接控制异步电动机转矩的变化，所以已经在许多需要高精度或快速控制的领域得到应用。

**4．按用途分类**

按用途不同，变频器可分为通用变频器和专用变频器。

1）通用变频器

通用变频器的特点是其具有通用性。随着变频技术的发展和市场需求的不断扩大，通用变频器也在朝着两个方向发展：一是低成本的简易型通用变频器；二是高性能的多功能通用变频器。

(1) 简易型通用变频器。这是一种以节能为主要目的而简化了一些系统功能的通用变频器。这种变频器主要应用于水泵、风扇和鼓风机等对系统调速性能要求不高的场合，并具有体积小、价格低等优势。

(2) 高性能的多功能通用变频器。这种变频器在设计过程中充分考虑了在变频器应用中可能出现的各种需要，并为满足这些需要在系统软件和硬件方面都做了相应的准备。在使用时，用户可以根据负载特性选择算法并对变频器的各种参数进行设定，也可以选择厂家所提供的各种备用选件来满足系统的特殊需要。高性能的多功能通用变频器除了可以应用于简易型通用变频器的所有应用领域，还可以广泛应用于电梯、数控机床和电动车辆等对系统调速性能有较高要求的场合。

2）专用变频器

专用变频器包括用在超精密机械加工中的驱动高速电动机的高频变频器，以及大容量、高电压的高压变频器。

高压变频器

## (二) 变频器的选择

### 1. 选择变频器的注意事项

变频器的选择应注意以下几点:

(1) 采用变频器的目的,例如是恒压控制还是恒流控制等。

(2) 变频器的负载类型,例如变频器的负载是叶片泵还是容积泵等。特别注意负载的性能曲线,性能曲线决定了应用时的方式和方法。

(3) 变频器与负载的匹配。

① 电压匹配。采用电压匹配时,变频器的额定电压与负载的额定电压应相符。

② 电流匹配。对于普通的离心泵,变频器的额定电流与负载的额定电流应相符;对于特殊的负载,根据最大电流确定变频器的电流和过载能力。

③ 转矩匹配。负载为恒转矩负载或有减速装置时要考虑转矩匹配。

(4) 在使用变频器驱动高速电动机时,由于高速电动机的电抗小,高次谐波的增加会导致变频器的输出电流值增大,因此用于高速电动机的变频器的容量要大于用于普通电动机时的容量。

(5) 变频器如果要在长电缆环境下运行,则需要采取措施抑制长电缆对地耦合电容的影响,避免变频器出力不足。在这种情况下,变频器容量要放大一挡或在变频器的输出端安装输出电抗器。

(6) 在一些特殊的应用场合(如高温、高海拔)中,变频器的容量会降低,此时变频器的容量要放大一挡。

### 2. 不同负载时变频器的选择

(1) 风机和水泵等普通负载。普通负载对变频器的要求最简单,只要变频器的容量等于电动机的容量即可。

(2) 起重类负载。起重类负载的特点是启动时冲击很大,因此要求变频器有一定容量。同时,在重物下放时会有能量回馈,所以要使用制动单元或采用共用母线方式。

(3) 不均衡负载。不均衡负载有时轻有时重,例如粉碎机和搅拌机等,此时应按照重负载的情况来选择变频器的容量。

(4) 大惯性负载。大惯性负载(如离心机、冲床、水泥厂的旋转窑等)的负载惯性很大,因此启动时可能会振荡,电动机减速时有能量回馈。该类负载应该用容量稍大的变频器来加快启动,以避免振荡,同时应配合制动单元消除回馈电能。

(5) 长期低速运转的电动机。由于电动机发热量较高,风扇冷却能力降低,因此必须采用加大减速比的方式或改用六级电动机,使电动机运转在较高频率附近。

## (三) 变频器容量的选择与计算

### 1. 根据电动机输出电压选择变频器容量

变频器输出电压可按电动机额定电压选定,按我国的标准,可分成220 V系列和400 V系列两种。对于3 kV的高压电动机,可使用400 V系列的变频器,在变频器的输入侧装设输入变压器，将 3 kV 先降为 400 V，输出侧装设输出变压器，再将变频器的输出电压升到 3 kV。

### 2. 根据电动机输出频率选择变频器容量

变频器的最高输出频率根据机种不同而有很大不同，有 50/60 Hz、120 Hz、240 Hz 或更高的频率。50/60 Hz 的变频器，以在额定速度以下范围进行调速运转为目的，大容量通用变频器几乎都属于此类。最高输出频率超过工频的变频器多为小容量。在 50/60 Hz 以上区域，由于变频器的输出电压不变，为保持恒功率特性，要注意在采用高速时转矩会减小，因此车床等机床应根据工件的直径和材料改变速度，以使其在恒功率的范围内使用；在轻载时采用高速可以提高生产率，但要注意不要超过电动机和负载容许的最高速度。

### 3. 根据电动机电流选择变频器容量

采用变频器驱动异步电动机调速时，在异步电动机确定后，应根据异步电动机的额定电流来选择变频器，或者根据异步电动机实际运行中的电流值(最大值)来选择变频器。

1) 连续运行时变频器容量的选定

对于连续运行的变频器，其容量选择必须同时满足表 1-1-1 所列的三项要求。

**表 1-1-1　变频器容量选择(驱动单台电动机)**

| 要　求 | 算　式 |
|---|---|
| 满足负载输出 | $\dfrac{kP_{\mathrm{M}}}{\eta\cos\varphi}\leqslant$变频器容量(kV·A) |
| 满足电动机容量 | $\sqrt{3}kU_{\mathrm{E}}I_{\mathrm{E}}\times10^{-3}\leqslant$变频器容量(kV·A) |
| 满足电动机电流 | $kI_{\mathrm{E}}\leqslant$变频器额定电流(A) |

表 1-1-1 中：$P_{\mathrm{M}}$ 为负载要求的电动机轴输出功率(kW)；$U_{\mathrm{E}}$ 为电动机额定电压(V)；$\eta$ 为电动机效率(通常为 0.85)；$I_{\mathrm{E}}$ 为电动机额定电流(A)；$k$ 为电流波形补偿系数；$\cos\varphi$ 为电动机功率因数(通常为 0.75)。

2) 短时加、减速时变频器容量的选定

变频器的最大输出转矩是由变频器的最大输出电流决定的。一般情况下，对于短时间的加、减速来说，变频器可允许其电流达到额定输出电流的 130%～150%。所以，在短时加、减速时输出转矩也可以增大；反之，当只需要较小的加、减速转矩时，也可以选择较低容量的变频器。

3) 电动机直接启动时变频器容量的选定

通常，三相异步电动机直接用工频启动时，启动电流为其额定电流的 5～7 倍。直接启动时选取的变频器的额定输出电流需满足如下公式：

$$I_{\mathrm{CN}}\geqslant\frac{I_{\mathrm{K}}}{K_{\mathrm{g}}} \tag{1-1}$$

式中：$I_{\mathrm{CN}}$ 为变频器的额定输出电流(A)；$I_{\mathrm{K}}$ 为在额定电压、额定频率下电动机启动时的堵转电流(A)；$K_{\mathrm{g}}$ 为变频器的允许过载倍数，$K_{\mathrm{g}}=1.3\sim1.5$。

4) 多台电动机共用一台变频器时变频器容量的选定

当变频器同时驱动多台电动机时，一定要保证变频器的额定输出电流大于所有电动机额定电流的总和，如表 1-1-2 所示。

表 1-1-2　变频器容量选择(驱动多台电动机)

| 要　求 | 算式(过载能力 150%，1 min) | |
| :---: | :---: | :---: |
| | 电动机的加速时间在 1 min 以内 | 电动机的加速时间在 1 min 以上 |
| 满足驱动时的容量 | $\dfrac{kP_M}{\eta\cos\varphi}\big[N_T+N_S(k_s-1)\big]$<br><br>$=P_{C1}\Big[1+\dfrac{N_S}{N_T}(k_s-1)\Big]$<br><br>≤1.5 × 变频器额定容量(kV·A) | $\dfrac{kP_M}{\eta\cos\varphi}\big[N_T+N_S(k_s-1)\big]$<br><br>$=P_{C1}\Big[1+\dfrac{N_S}{N_T}(k_s-1)\Big]$<br><br>≤变频器额定容量(kV·A) |
| 满足电动机电流 | $N_TI_E\Big[1+\dfrac{N_S}{N_T}(k_s-1)\Big]$<br><br>≤1.5 × 变频器额定电流(A) | $N_TI_E\Big[1+\dfrac{N_S}{N_T}(k_s-1)\Big]$<br><br>≤变频器额定电流(A) |

表 1-1-2 中：$P_M$ 为负载要求的电动机轴输出功率(kW)；$N_T$ 为并列电动机台数；$\eta$ 为电动机效率(通常为 0.85)；$\cos\varphi$ 为电动机功率因数(通常为 0.75)；$N_S$ 为电动机同时启动的台数；$P_{C1}$ 为连续容量(kV·A)；$k_S$ 为电动机启动电流与电动机额定电流之比；$I_E$ 为电动机额定电流(A)；$k$ 为电流波形补偿系数(PWM 方式下为 1.05~1.1)。

同时还要考虑以下几点：

(1) 在电动机总功率相等的情况下，由多台小功率电动机组成的一方比由台数少但电动机功率较大的一方效率低，因此两者电流总值并不相等，可根据各电动机的电流总值来选择变频器。

(2) 在软启动或软停止条件下对电动机进行整定时，一定要按启动最慢的电动机进行。

(3) 当有一部分电动机直接启动时，可按下式进行计算：

$$I_{CN}\geqslant\frac{N_2I_K+(N_1-N_2)I_N}{K_g} \tag{1-2}$$

式中：$I_{CN}$ 为变频器额定输出电流(A)；$I_K$ 为在额定电压、额定频率下电动机启动时的堵转电流(A)；$I_N$ 为电动机额定电流(A)；$N_1$ 为电动机总台数；$N_2$ 为直接启动的电动机台数；$K_g$ 为变频器的允许过载倍数，$K_g$=1.3~1.5。

# 四、任务实施

## 1．所需要的仪表、工具和器材

(1) 仪表：MF47 型万用表、5050 型绝缘电阻表。

(2) 工具：电工通用工具及镊子等。

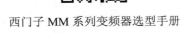
西门子 MM 系列变频器选型手册

(3) 器材：训练器材如表 1-1-3 所示。

**表 1-1-3　训练器材**

| 序号 | 名　称 | 型号与规格 | 单位 | 数量 |
|---|---|---|---|---|
| 1 | 三相四线电源 | AC 3 × 380 / 220 V，20 A | 处 | 1 |
| 2 | 单相交流电源 | AC 220 V 和 36 V，5 A | 处 | 1 |
| 3 | 变频器 | 西门子 MM440、森兰 BT40 或自定 | 台 | 1 |
| 4 | 配线板 | 500 mm × 600 mm × 20 mm | 块 | 1 |
| 5 | 断路器 | DZ47-C20 | 个 | 1 |
| 6 | 导轨 | C45 | m | 0.4 |
| 7 | 熔断器及熔芯配套 | RL6-60 / 20 | 套 | 3 |
| 8 | 熔断器及熔芯配套 | RL6-15 / 4 | 套 | 2 |
| 9 | 三联按钮 | LA10-3H 或 LA4-3H | 个 | 2 |
| 10 | 接线端子排 | JX2-1015，500 V，10 A，15 节或配套自定 | 条 | 1 |
| 11 | 木螺钉 | $\phi3$ mm × 20 mm；$\phi3$ mm × 15 mm | 个 | 40 |
| 12 | 平垫圈 | $\phi4$ mm | 个 | 40 |
| 13 | 塑料软铜线 | BVR-1.5 mm²，颜色自定 | m | 40 |
| 14 | 塑料软铜线 | BVR-0.75 mm²，颜色自定 | m | 10 |
| 15 | 别径压端子 | UT2.5-4，UT1-4 | 个 | 40 |
| 16 | 行槽线 | TC3025，两边打 $\phi3.5$ mm 孔 | 条 | 5 |
| 17 | 异型塑料管 | $\phi3$ mm | m | 0.2 |

### 2．操作方法

(1) 根据电动机所带负载的类型选择变频器类型。由于属于恒定转矩负载，故变频器选用通用型。

(2) 根据电动机的结构形式及容量计算变频器的容量。设备由一台电动机拖动，而且属于连续运转，容量计算如下：

$$P_变 \geqslant \sqrt{3}kU_EI_E \times 10^{-3} = \sqrt{3} \times 1.1 \times 380 \times 42 \times 10^{-3} \text{ kW} = 30.4 \text{ kW}$$

故选择西门子 MM440 型 32 kW 变频器。

## 五、能力测试

(1) 某工厂提升机用一台电动机(5 kW、4 极、380 V、50 Hz)和一台变频器拖动，试选择变频器并计算其容量。

(2) 有一通风设备用两台电动机(1.5 kW、4 极、220 V、50 Hz)和一台变频器拖动，试选择变频器并计算其容量。

## 六、考核及评价

考核及评价如表 1-1-4 所示。

表 1-1-4　考 核 标 准

| 序号 | 主要内容 | 考核要求 | 评分标准 | 分数 | 得分 |
|---|---|---|---|---|---|
| 1 | 变频器类型 | 能正确分析控制任务 | (1) 电气控制方案错误，扣20分；<br>(2) 电压选择错误，扣10分；<br>(3) 变频器类型选择错误，扣20分 | 50分 | |
| 2 | 变频器容量 | 变频器容量选择正确 | (1) 负载输出计算错误，扣10分；<br>(2) 变频器容量计算错误，扣10分；<br>(3) 变频器输出电流计算错误，扣10分 | 30分 | |
| 3 | 设计思路 | 设计思路清晰 | 设计思路不清晰，每处扣5分 | 20分 | |
| 备注 | | | 合计 | 100分 | |
| | | | 教师签字：　　　　　　　　　年　月　日 | | |

能力测试题解

# 项目二／变频器的安装与调试

## 一、学习目标

学会安装与调试变频器。

## 二、工作任务

(1) 掌握变频器的安装工艺。
(2) 掌握变频器控制电路的安装工艺。
(3) 熟悉变频器的参数类型。
(4) 掌握变频器的参数输入。

变频器的安装与调试

## 三、知识讲座

### (一) 变频器的使用环境及注意事项

#### 1. 变频器的工作环境要求

(1) 工作环境温度范围为 −10～+40℃，工作环境温度的变化应不大于 ±5℃/h。

(2) 相对湿度：空气的最大相对湿度不超过 90%，每小时相对湿度的变化率不超过 5%且不得出现凝露。

(3) 运行地点无导电或爆炸性尘埃，无腐蚀金属或破坏绝缘的气体或蒸汽。

(4) 变频器安装地点所允许的振动条件：振动频率范围为 10～150 Hz，振动加速度不大于 5 m/s$^2$，当变频器由于安装台基振动可能产生共振时，应对变频器采取减振措施，以避开共振频率。

(5) 交流输入电源：

① 电压持续波动不超过 ±20%。

② 频率波动不超过 ±2%，频率变化每秒不超过 ±1%。

③ 三相电压的不平衡度：负序分量不超过正序分量的 5%。

④ 电源谐波成分：电压相对谐波含量的均方根值不超过 10%。

(6) 海拔：不超过 1000 m。

#### 2. 注意事项

(1) 非专业人员使用或检测变频器时不可开盖和开柜门。

(2) 变频器出厂前已做过耐压试验，用户不可也没有必要再对变频器进行耐压试验。

(3) 电动机上不可并接用来改善功率因数的大电容。

(4) 外壳可靠接地。

(5) 不可将三相输入改成两相输入，否则会出现缺相故障。

(6) 低频运行时要考虑电动机自带风扇效果、润滑效果情况，高频运行时要考虑轴承的承受能力。

## (二) 变频器的安装

变频器的安装方式有墙挂式安装和柜式安装两种。

### 1. 墙挂式安装

对于墙挂式安装方式，变频器与周围物体之间的距离应满足下列条件：变频器的上部距离房间顶部至少 1 m，下部距离地面也至少要 1 m。

### 2. 柜式安装

(1) 柜式安装是目前最好的安装方式，因为可以起到很好的屏蔽作用，同时也能防尘、防潮、防光照等。

(2) 安装单台变频器时，应尽量采用柜外冷却方式(环境比较洁净，尘埃少时)。

(3) 单台变频器采用柜内冷却方式时，变频柜顶端应安装抽风式冷却风扇，并尽量装在变频器的正上方(便于空气流通)。

(4) 安装多台变频器时，应尽量将它们并列放置。如果必须采用纵向方式安装，则应在两台变频器间加装隔板。

为了便于工作人员操作和散热，变频器周边要留有足够的空间：前面间距不小于 1.5 m，后面和侧面不小于 1 m。

将多台变频器安装在同一装置或控制柜里时，为减少相互间的热影响，建议横向并列安装。必须上下安装时，为了使下方的热量不至于影响上方的变频器，应设置隔板。对于柜体顶部装有引风机的变频器，其引风机的风量必须大于柜内各变频器出风量的总和；对于没有安装引风机的变频器，其柜体顶部应尽量开启，无法开启时，柜体底部和顶部保留的进、出风口面积必须大于柜体各变频器端面面积的总和，且进、出风口的风阻应尽量小。若将变频器安装于控制室墙上，则应保持控制室通风良好，不得封闭。不论用哪种方式，变频器应垂直安装(也是最合理的安装方式)。变频器在控制箱内的布局如图 1-2-1 所示。

变频器在工程应用中需要
注意的几个问题

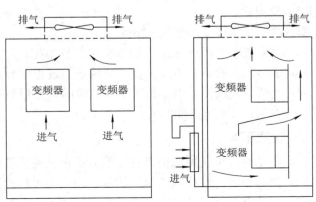

图 1-2-1　变频器在控制箱内的布局

### (三) 变频器的接线

#### 1. 主电路的接线

(1) 变频器主电路的基本接线如图 1-2-2 所示。需要注意的是，变频器输入端(R、S、T)、输出端(U、V、W)绝对不能接错。

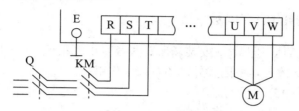

图 1-2-2 主电路的基本接线

(2) 变频器和其他设备的接地如图 1-2-3 所示。需要注意的是，变频器接地端子应良好地接地(如果工厂电路是零地共用的，那么就要考虑单独取地线)。当多台变频器接地时，各变频器应分别和大地相连，不允许一台变频器的接地端和另一台变频器的接地端连接后再接地。

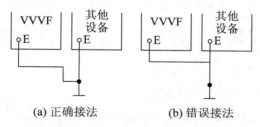

(a) 正确接法　　　　(b) 错误接法

图 1-2-3 变频器和其他设备的接地

(3) 变频器的电源输入端子需经过漏电保护开关，再接到电源上(漏电开关、空气开关应选择好的生产厂家)。

(4) 一般按电动机的接线要求选择线径，特殊场合要选大一个规格的，尤其是电动机距离变频器较远的，本着宜大不宜小的原则选配。

#### 2. 控制电路的接线

(1) 模拟量控制线应使用屏蔽线，屏蔽线一端接变频器控制电路的公共端(COM)，不要接变频器地端(E)或大地，另一端悬空，如图 1-2-4 所示。

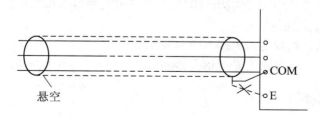

图 1-2-4 屏蔽线的接法

(2) 开关量控制线允许不使用屏蔽线，但同一信号的两根线必须互相绞在一起，绞合线的绞合间距应尽可能小。

布线应当遵守以下原则：

(1) 尽量远离主电路 100 mm 以上。

(2) 尽量不和主电路交叉。当必须交叉时，应采取垂直交叉的方式。

## (四) 改善变频器的功率因数

为了改善变频器的功率因数(或安装场所距大容量电源很近时)，必须加直流电抗器和交流电抗器。电抗器除改善功率因数外，还有以下作用：

(1) 抑制输入电路中的浪涌电流。

(2) 削弱电源电压不平衡所带来的影响。

(3) 降低电动机的噪声，降低涡流损耗。

(4) 保护变频器内部的功率开关器件。

选用电抗器的注意事项：

(1) 电抗器电压降不大于额定电压的 3%。

(2) 当变压器容量大于 500 kV·A 或变压器容量超过变频器容量 10 倍时，应配电抗器。

## (五) 变频器的抗干扰

### 1．外界对变频器的干扰

外界对变频器的干扰主要来源于电源进线。当电源系统接入其他设备(如电容器)或其他换相设备(如晶闸管等)正在运行时，容易造成电源的畸变而损坏变频器的开关管。在变频器的输入电路中串入交流电抗器可有效抑制来自进线的干扰。

### 2．变频器的抗干扰措施

在变频器侧的抗干扰措施有：

(1) 感应方式传播的干扰信号可通过正确的布线和采用屏蔽线来削弱。

(2) 线路传播的干扰信号可通过在线路中串入电感值小的电感来削弱。

(3) 辐射传播的干扰信号可通过吸收方法来削弱(无线电抗干扰滤波器)。

(4) 在变频器输出侧和电动机间串入滤波电抗器，不仅可以起到抗干扰作用，还可以削弱由高次谐波引起的附加转矩，改善电动机的运行特性。

需要注意的是，在变频器的输出侧绝对不允许用电容器来吸收谐波电流。

在仪器侧的抗干扰措施有：

(1) 电源隔离法，仪器电源侧接入隔离变压器。

(2) 信号隔离法，信号侧用光电耦合器隔离。

## (六) 变频器的防护

变频器的防护主要有以下几点：

(1) 防水防结露：如果变频器放置在现场，需要注意变频器柜体上方不得有管道法兰或其他漏点，在变频器附近不能有喷溅水流，总之，现场柜体防护等级要在 IP43 以上。

(2) 防尘：所有进风口需用防尘网阻隔絮状杂物的进入，防尘网应设计为可拆卸的，以方便清理、维护。防尘网的网格可根据现场的具体情况确定，防尘网四周与控制柜的结合处要处理得更加严密。

(3) 防腐蚀性气体：将变频柜放在控制室中。

(4) 防雷：主变压器受雷击后，由于一次断路器断开，会使变压器二次侧产生极高的浪涌电压。

① 为防止浪涌电压对变频器的破坏，可在变频器的输入端增设压敏电阻，其耐压值应低于功率模块的电压，以保证元器件不被击穿。

② 选用产生低浪涌电压的断路器，并同时采用压敏电阻。

③ 变压器一次侧断开时，可通过程序控制使变频器提前断开。同时也要增设相关的压敏电阻保护，通过励磁储存能量计算电阻值。此外，主回路用的避雷器和熔断器应选用特种规格。

## (七) 变频器系统的调试

### 1. MM440 变频器的操作

1) 面板介绍

西门子变频器 MM440
操作手册

MM440 变频器在标准供货方式下装有状态显示面板(SDP)，对于很多用户来说，利用 SDP 和工厂的默认设置值，就可以使变频器成功地投入运行。如果工厂的默认设置值不适合用户的设备情况，可以利用基本操作面板(BOP)或高级操作面板(AOP)修改参数，使变频器与设备相匹配。各显示操作面板如图 1-2-5 所示，其中，基本操作面板和高级操作面板是作为可选件供货的。用户也可以用 Drive Monitor 软件或 Starter 软件来调整工厂的设置值。

(a) 状态显示面板　　　　(b) 基本操作面板　　　　(c) 高级操作面板

图 1-2-5　变频器的显示操作面板

2) 基本操作方法

下面以常用的基本操作面板为例进行说明。为了用基本操作面板设置参数，用户首先必须将状态显示面板从变频器上拆卸下来，然后装上基本操作面板。基本操作面板具有五位数字的七段显示，用于显示参数的序号、数值、报警和故障信息，以及该参数的设定值和实际值。

(1) 在缺省设置时,使用 BOP 控制电动机的功能是被禁止的。如果要用 BOP 进行控制,参数 P0700 应设置为 1,参数 P1000 应设置为 1。

(2) 在变频器加上电源时,也可以把 BOP 装到变频器上或从变频器上将 BOP 拆卸下来。

(3) 如果 BOP 已经设置为 I/O 控制(P0700 = 1),在拆卸 BOP 时,变频器驱动装置将自动停车。BOP 操作时的缺省设置值如表 1-2-1 所示。

表 1-2-1　BOP 操作时的缺省设置值

| 参数 | 说　明 | 缺省值,欧洲(或北美)地区 |
|---|---|---|
| P0100 | 运行方式(欧洲/北美) | 50 Hz,kW (60 Hz,hp) |
| P0307 | 功率(电动机额定值) | kW (hp) |
| P0310 | 电动机的额定频率 | 50 Hz (60 Hz) |
| P0311 | 电动机的额定转速 | 1395 r/min(1680 r/min)(取决于变量) |
| P1082 | 电动机最大频率 | 50 Hz (60 Hz) |

利用基本操作面板可以更改变频器的各个参数。基本操作面板上的显示及按钮功能如表 1-2-2 所示。

表 1-2-2　基本操作面板上的显示及按钮功能

| 显示/按钮 | 功　能 | 功　能　说　明 |
|---|---|---|
| r0000 | 状态显示 | LED 显示变频器当前的设定值 |
| I | 启动电动机 | 按此键可启动电动机。在默认值方式下运行时,此键是被封锁的。为了使此键的操作有效,应设定 P0700 = 1 |
| 0 | 停止电动机 | OFF1:按此键,电动机将按选定的斜坡下降速率减速停车。在默认值方式下运行时,此键是被封锁的;为了允许此键操作,应设定 P0700 = 1。<br>OFF2:按此键两次(或一次,但时间较长),电动机将在惯性作用下自由停车 |
| ↻ | 改变电动机的转向 | 按此键可以改变电动机的转动方向。电动机的反向用负号( − )或闪烁的小数点来表示。在默认值方式下运行时,此键是被封锁的,为了使此键的操作有效,应设定 P0700 = 1 |
| jog | 电动机点动 | 在变频器无输出的情况下按此键,将使电动机启动,并按预设定的点动频率运行。释放此键时,变频器停车。如果变频器/电动机正在运行,按此键将不起作用 |
| Fn | 设置功能 | 1. 浏览辅助信息<br>变频器运行过程中,在显示任何一个参数时按下此键并保持不动 2 s,将显示以下参数值:<br>(1) 直流回路电压(用 d 表示,单位为 V);<br>(2) 输出电流(A); |

续表

| 显示/按钮 | 功能 | 功 能 说 明 |
|---|---|---|
| Fn | 设置功能 | (3) 输出频率(Hz); <br> (4) 输出电压(用 o 表示，单位为 V); <br> (5) 由 P0005 选定的数值(如果 P0005 选择显示上述参数中的任何一个(如 (3)、(4)或(5))，这里将不再显示) <br> 连续多次按下此键，将轮流显示以上参数。 <br> 　2. 跳转功能 <br> 　在显示任何一个参数(r××××或 P××××)时短时间按下此键，将立即跳转到 r0000，如果需要的话，可以接着修改其他的参数。跳转到 r0000 后，按此键将返回原来的显示点。 <br> 　3. 退出 <br> 　在出现故障或报警的情况下，按此键可以将操作板上显示的故障或报警信息复位 |
| P | 参数访问 | 按此键即可以访问参数 |
| ▲ | 增加数值 | 按此键即可增加面板上显示的参数数值 |
| ▼ | 减小数值 | 按此键即可减小面板上显示的参数数值 |

#### 2. MM440 变频器参数设置

由于变频器出厂时一般是按 2300 V/125 kW 或 1140 V/75 kW 设计的，因此应根据现场负载的要求重新设定参数。重新设定的参数包括额定电流、过载保护电流，其他参数一般不需要修改。变频器的参数只能用基本操作面板、高级操作面板或者通过串行通信接口进行修改。用基本操作面板可以修改和设定系统参数，例如斜坡时间、最小频率和最大频率等，使变频器具有期望的功能。选择的参数号和设定的参数值在五位数字的 LED(可选件)上显示，例如：

(1) r××××表示一个用于显示的只读参数。

(2) P××××表示一个设定参数。

(3) P0010 表示启动"快速调试"。如果 P0010 被访问以后没有设定为 0，变频器将不运行。如果 P3900 > 0，这一功能是自动完成的。

(4) P0004 的作用是过滤参数，据此可以按照功能去访问不同的参数。

变频器的参数有三个用户访问级，即标准访问级、扩展访问级和专家访问级。访问的等级由参数 P0003 来选择，对于大多数应用对象，只要访问标准级(P0003 = 1)和扩展级(P0003 = 2)参数就足够了。第四访问级的参数只用于内部的系统设置，因而是不能修改的。第四访问级参数只有得到授权的人员才能修改。

#### 3. 调试

变频器的调试并没有固定的模式，大体上可分为"先空载，继轻载，再重载"这几个步骤。

1) 空载检查

小功率变频器可以把主接线端子排上的短路片去掉，给三相接入 380 V 的电源，大功率变频器一般都有控制电压输入端子，可从这里用两芯电缆接入的 380 V 单相电源来检查变频器(注意接之前应将两端子上与三相输入相连的两根线去掉)，参照说明书，熟悉各个键盘的使用及参数的设置方法。

熟悉完后，变频器开机，频率升至 50 Hz，用万用表(最好用指针式)测量三相输出，电压应该完全平衡。

检查完后，停电，小功率的变频器要将拆下的短路片接回原处(注意，接短路片之前，主回路的两个端子要放电)；大功率的变频器应将控制端子的两根外接线去掉，并将原来的接线恢复。

变频器的三相输出端先不接电动机线，给变频器的三相输入端通入 380 V 的电压，观察变频器空载运行情况。

2) 带载运行

空载运行证明变频器工作正常之后，即可带负载运行。变频器的负载运行包括轻载试运行和重载运行(即正常运行)。若有条件，还可以先带空电动机试运转，但一般情况都是直接带载运行的。

试运行前一般都应检测一下电动机的绝缘。对于低压(380～660 V)的电动机，用 1500 V 的兆欧表测试，绝缘电阻一般不能低于 50 MΩ。水泵类负载的绝缘电阻可能低一些，但也不能低于 2 MΩ。

另外，还要了解一下负载的运行情况，不同的负载其工作状态有很大的不同，因此要根据不同的情况区别对待。有些特殊的机械，必须采用某类专用变频器，如提升机属于位能负载，具有再生电能的处理问题，必须采用提升机专用变频器。另外，化纤行业机械设备及机床类机械，有的也要采用专用变频器。这类变频器都在硬件以及软件上针对特殊负载进行了特殊的处理，从而保证了变频器的可靠运行。

明确了以上问题，变频器就可以带载运行了。将变频器的输出接至电动机，送电。具体操作步骤如下：

(1) 点动或在低频下试运转。观察电动机的正反转方向，若是反转，可利用变频器的正反转端子调整，或停电后调整变频器的输出接线。

(2) 启转试验。使工作频率从 0 Hz 开始慢慢增大，观察拖动系统能否启转及在多大频率下启转。如启转比较困难，应设法加大启动转矩。具体方法有加大启动频率、加大 $U/f$ 比以及采用矢量控制等。

(3) 启动试验。将给定信号加至最大，要观察以下两点：

① 启动电流的变化。

② 整个拖动系统在升速系统中，运行是否平稳。

如因启动电流过大而跳闸，则应适当延长升速时间。如在某一速度段启动电流偏大，则设法通过改变启动方式(S 形、半 S 形等)来解决。

(4) 停机试验。将运行频率调至最高工作频率，按停止键，观察拖动系统的停机过程。

① 停机过程中是否出现因过电压或过电流而跳闸，如有，则应适当延长降速时间。

② 当输出频率为 0 Hz 时，拖动系统是否有爬行现象，如有，则应适当采取直流制动

的方法。

(5) 拖动系统的负载试验。负载试验的主要内容有：

① 如 $f_{\max} > f_N$，则应进行最高频率时的带载能力试验，也就是检验在正常负载下能否带得动。

② 在负载的最低工作频率下，应考察电动机的发热情况。使拖动系统工作在负载所要求的最低转速下，并施加该转速下的最大负载，按负载所要求的连续运行时间进行低速运行试验，观察电动机的发热情况。

③ 过载试验可按负载可能出现的过载情况及持续时间进行试验，观察拖动系统能否继续工作。

调整完后，变频器正式负载运行，一般应观察 2 h 以上，保证其可靠工作。

### 4. 快速调试

(1) 如果对于传动系统没有合适的参数设定，就必须执行对于闭环矢量控制和包括电动机数据辨识程序的 V/f 控制的快速调试。下面的操作装置可用于执行快速调试。

① BOP。

② AOP。

③ PC 工具(带调试软件 Starter、Drive Monitor)。

(2) 当执行快速调试时，电动机和变频器基本上是被调试的。在快速调试开始前，必须了解下列数据，并修改或输入这些数据。

① 输入电源频率。

② 输入铭牌数据。

③ 命令/给定值。

④ 最小/最大频率或斜坡上升/斜坡下降时间。

⑤ 闭环控制方式。

⑥ 电动机数据辨识。

(3) 用 BOP 或 AOP 对传动系统进行参数设置。带 * 的参数表示与实际列出的相比有更多的设定。参数设置流程如下：

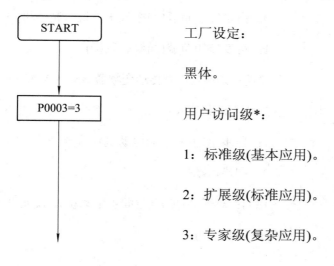

工厂设定：

黑体。

用户访问级*：

1：标准级(基本应用)。

2：扩展级(标准应用)。

3：专家级(复杂应用)。

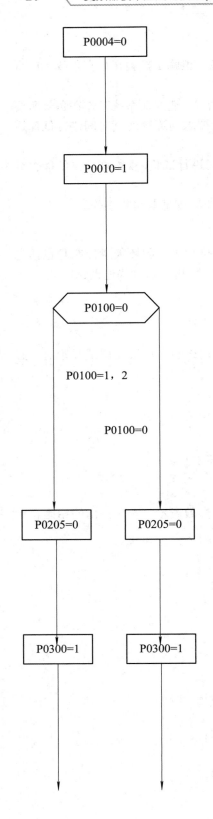

参数过滤*：

0：所有参数。

2：变频器。

3：电动机。

4：速度传感器。

调试参数过滤*：

0：准备好。

1：快速调试。

说明：为了设置电机铭牌数据，P0010 应设定为1。

欧洲/北美(输入电源频率)：

0：欧洲(kW)，频率缺省，50 Hz。

1：北美(hp)，频率缺省，60 Hz。

2：北美(kW)，频率缺省，60 Hz。

说明：对于 P0100 = 0 或 1，DIP2 开关确定 P0100 的值，OFF 表示输入单位为 kW，50 Hz；ON 表示输入单位为 hp，60 Hz。

变频器应用对象：

0：恒定转矩负载(如空气压缩机、精整机)。

1：可变转矩负载(如泵、风机)。

说明：该参数仅对传动变频器≥5.5 kW/400 V 才有效。

选择电动机类型：

1：异步电动机(感应电动机)。

2：同步电动机。

说明：对于 P0300 = 2(同步电动机)，仅允许 V/f 控制方式(P1300 < 20)。

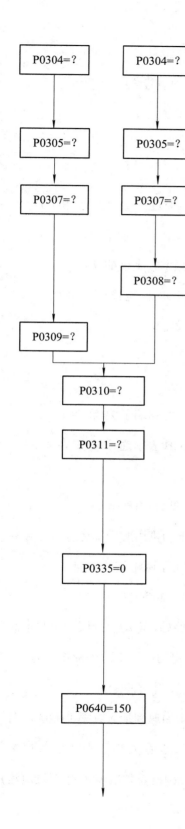

电动机额定电压(按电动机铭牌输入(V)):

在铭牌上的电动机电压必须检查,其接法(如 Y/△接法)要保证同电动机端子板上的线路接法相匹配。

电动机额定电流(按电动机铭牌输入(A))。

电动机额定功率(按电动机铭牌输入(kW/hp)):

对于 P0100 = 0 或 2,输入单位为 kW;对于 P0100 = 1,输入单位为 hp。

电动机额定功率因数(按电动机铭牌输入($\cos\varphi$)):

如果设定为 0,该值自动计算。

电动机额定效率(按电动机铭牌输入(%)):

如果设定为 0,该值自动计算。

电动机额定频率(按电动机铭牌输入(Hz)):

极对数被自动计算。

电动机额定转速(按电动机铭牌输入(RPM)):

如果设定为 0,该值自动计算。

说明:输入必须按闭环矢量控制,带 FCC 的 V/f 控制和按滑差补偿。

电动机冷却(输入电动机冷却系统):

0:使用安装在电动机轴上的风扇自冷。

1:强迫风冷——装有一个独立电源的冷却风扇。

2:自冷和内部风扇。

3:强迫风冷和内部风扇。

电动机过载系数(输入 P0305 的百分数):

在此确定最大输出电流极限,用电动机额定电流(P0305)的百分数表示。用 P0205 设定是恒转矩还是可变转矩运行。在恒转矩时过载 150%,在可变转矩时过载 110%。

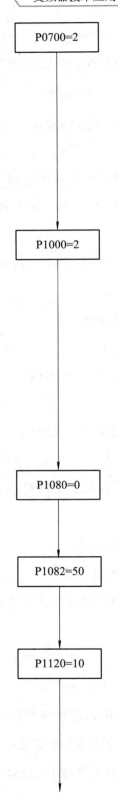

选择命令源*(输入命令源):

0：恢复数字 I/O 到工厂缺省设定。

1：BOP(传动变频器键盘)。

2：端子排(工厂缺省设定)。

4：USS 在 BOP 链路上。

5：USS 在 COM 链路上(通过控制端子 29 和 30)。

6：CB 在 COM 链路上(CB 表示通信板)。

选择频率给定值*(输入频率给定值的源):

1：电动电位计给定值(MOP 给定值)。

2：模拟输入(工厂缺省设定)。

3：固定频率给定值。

4：USS 在 BOP 链路上。

5：USS 在 COM 链路上(控制端子 29 和 30)。

6：CB 在 COM 链路上(CB 表示通信板)。

7：模拟输入 2。

最小频率(输入电动机最低频率(Hz)):

输入电动机最低频率,电动机用此频率运行时与频率给定值无关。在此设定的值用于两个旋转方向。

最大频率(输入电动机最高频率(Hz)):

输入电动机最大频率,例如,电动机受限于该频率而同频率给定值无关。在此设定的值用于两个旋转方向。

斜坡上升时间(输入斜坡上升时间(s)):

例如,输入电动机从静止加速到最大频率 P1082 的时间。如果斜坡上升时间参数设置太小,则将引起报警 A0501(电流极限值)或传动变频器发生故障 F0001(过电流)而停车。

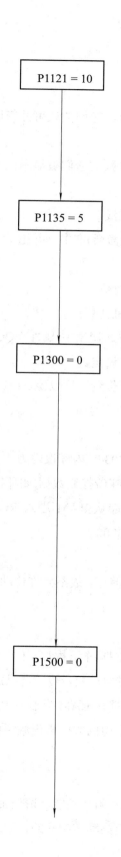

P1121 = 10

P1135 = 5

P1300 = 0

P1500 = 0

斜坡下降时间(输入斜坡下降时间(s)):

例如,输入电动机从最大频率 P1082 制动到停车的时间。如果斜坡下降时间参数设置太小,则将引起报警 A0501(电流极限值)、A0502(过电压限值)或传动变频器发生故障 F0001(过电流)或 F0002(过电压)而停车。

OFF3 命令的斜坡下降时间(输入快停斜坡下降时间(s)):

例如,输入由 OFF3 命令(快停)设定的电动机从最大频率 P1082 制动到停车的时间。如果斜坡下降时间参数设置太小,则将引起报警 A0501(电流极限值)、A0502(过电压限值)或传动变频器发生故障 F0001(过电流)或 F0002(过电压)而停车。

控制方式(输入所需的控制方式):

0:带线性特性的 V/f 控制。

1:带 FCC 的 V/f 控制。

2:带抛物线特性的 V/f 控制。

3:带可编程特性的 V/f 控制。

5:用于纺织机械的 V/f 控制。

6:用于纺织机械,带 FCC 的 V/f 控制。

19:同电压给定值无关的 V/f 控制。

20:无传感器的矢量控制。

21:有传感器的矢量控制。

22:无传感器的矢量转矩控制。

23:有传感器的矢量转矩控制。

选择转矩给定值*(输入转矩给定值的源):

0:无主给定值。

2:模拟给定值。

4:USS 在 BOP 链路上。

5:USS 在 COM 链路上(控制端子 29 和 30)。

6:CB 在 COM 链路上(CB 表示通信板)。

7:模拟给定值 2。

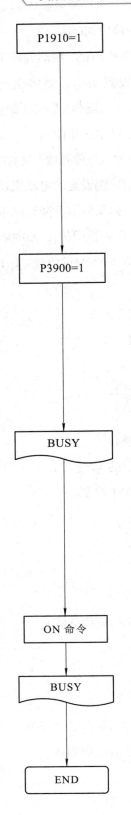

选择电动机数据辨识*:

0:封锁。

1:用参数变更辨识所有参数,它们被认可并应用于调节器。

2:没有参数变更辨识所有参数,它们被显示但不应用于调节器。

3:用参数变更来辨识饱和曲线。

报警 A0541(电动机数据辨识激活)产生,并用下一个 ON 命令来测量。

快速调试结束(启动电动机计算):

0:没有快速调试(没有电动机计算)。

1:电动机计算和不包括在快速调试中(属性"QC"=no)的所有其他参数的复位到工厂设定。

2:电动机计算和 I/O 设定复位到工厂设定。

3:仅电动机计算,其他参数不复位。

说明:

如果 P3900 = 1,2,3,则 P0340 内部设定为 1 且计算适当数据来显示 BUSY。这意味着控制数据(闭环控制)正在计算,然后复制,与参数一起从 RAM 送入 ROM。在快速调速完成以后,再显示 P3900。

说明:

在此以后,由于 P1910 尚未储存,故不允许传动变频器断电。

启动电动机数据辨识:

用 ON 命令启动电动机数据辨识程序(工厂设定 DIN1)。在这种情况下,电流流过电动机,转子自己定位。如电动机数据辨识已完成,则数据从 RAM 复制到 ROM,此时显示 BUSY。报警 A0541(电动机数据辨识激活)自动消失,再显示 P3900。

结束快速调速/传动设定:

如果在传动变频器上必须执行附加功能,请使用指令适配应用和工艺。该过程用于带有高动态响应的传动系统。

## 四、任务实施

### 1. 所需要的仪表、工具和器材

(1) 仪表：MF47 型万用表、5050 型绝缘电阻表。

(2) 工具：电工通用工具、镊子等。

(3) 器材：训练器材如表 1-2-3 所示。

#### 表 1-2-3　训　练　器　材

| 序号 | 名　　称 | 型　号　与　规　格 | 单位 | 数量 |
|------|---------|-------------------|------|------|
| 1 | 三相四线电源 | AC 3 × 380 / 220 V，20 A | 处 | 1 |
| 2 | 单相交流电源 | AC 220 V 和 36 V，5 A | 处 | 1 |
| 3 | 变频器 | 西门子 MM440、森兰 BT40 或自定 | 台 | 1 |
| 4 | 配线板 | 500 mm × 600 mm × 20 mm | 块 | 1 |
| 5 | 断路器 | DZ47-C20 | 个 | 1 |
| 6 | 导轨 | C45 | m | 0.4 |
| 7 | 熔断器及熔芯配套 | RL6-60 / 20 | 套 | 3 |
| 8 | 熔断器及熔芯配套 | RL6-15 / 4 | 套 | 2 |
| 9 | 三联按钮 | LA10-3H 或 LA4-3H | 个 | 2 |
| 10 | 电位器 | 47 kΩ，2 W | 个 | 1 |
| 11 | 接线端子排 | JX2-1015，500V，10A，15 节或配套自定 | 条 | 1 |
| 12 | 木螺钉 | $\phi$ 3 mm × 20 mm；$\phi$ 3 mm × 15 mm | 个 | 40 |
| 13 | 平垫圈 | $\phi$ 4 mm | 个 | 40 |
| 14 | 塑料软铜线 | BVR-1.5 mm$^2$，颜色自定 | m | 40 |
| 15 | 塑料软铜线 | BVR-0.75 mm$^2$，颜色自定 | m | 10 |
| 16 | 别径压端子 | UT2.5-4，UT1-4 | 个 | 40 |
| 17 | 行槽线 | TC3025，两边打$\phi$3.5 mm 孔 | 条 | 5 |
| 18 | 异型塑料管 | $\phi$ 3 mm | m | 0.2 |

### 2. 操作方法

#### 1) 参数过滤功能操作

用基本操作板可以修改参数的数值，以修改参数过滤器 P0004 数值为例，说明修改参数的步骤，如表 1-2-4 所示。

表 1-2-4　修改参数过滤器 P0004 数值操作步骤

| 步骤 | 操 作 内 容 | 显 示 结 果 |
|---|---|---|
| 1 | 按 Ⓟ 访问参数 | r0000 |
| 2 | 按 ▲ 直到显示出 P0004 | P0004 |
| 3 | 按 Ⓟ 进入参数数值访问级 | 0 |
| 4 | 按 ▲ 或 ▼ 达到所需要的数值 | 3 |
| 5 | 按 Ⓟ 确认并存储参数的数值 | P0004 |

2) 改变参数数值操作

为了快速修改参数的数值，可以一个个单独地修改显示出的每个数字，操作步骤如下：

(1) 按 Ⓕ (功能键)，最右边的一个数字闪烁。

(2) 按 ▲ 或 ▼，修改这位数字的数值。

(3) 再按 Ⓕ (功能键)，相邻的下一位数字闪烁。

(4) 执行步骤(2)至(3)，直到显示出所要求的数值。

(5) 按 Ⓟ，退出参数数值的访问级。

## 五、能力测试

(1) 安装单台西门子 MM440 系列 A 型 0.5 kW 变频器并合理布线。

(2) 进行复位设置。

(3) 选择电动机类型并设置对应的电动机铭牌参数。

## 六、考核及评价

考核及评价如表 1-2-5 所示。

表 1-2-5 考核标准

| 序号 | 主要内容 | 考核要求 | 评 分 标 准 | 分数 | 得分 |
|---|---|---|---|---|---|
| 1 | 参数意义的理解 | 正确描述参数的功能 | 参数的功能描述错误，每处扣 5 分 | 20 分 | |
| 2 | 参数设定 | 参数设定正确 | (1) 未进行初始化操作，扣 5 分；<br>(2) 运行参数监视操作，错 1 处扣 5 分；<br>(3) 参数设定错误，每处扣 5 分；<br>(4) 参数设定有疏漏，每处扣 5 分；<br>(5) 参数设置不熟练，扣 5 分 | 30 分 | |
| 3 | 通电检测 | 通电检测并记录测量结果 | (1) 测试及测量错 1 处，扣 10 分；<br>(2) 通电调试失败，无法实测，不得分；<br>(3) 操作不熟练，每处扣 5 分 | 30 分 | |
| 4 | 安全文明生产 | 能保证人身、设备安全 | 违反安全文明生产规程，扣 5～20 分 | 20 分 | |
| 备注 | | | 合计 | 100 分 | |
| | | | 教师签字： 年 月 日 | | |

变频器的安装接线及调试

西门子MM440调试方法

# 项目三／变频器的日常维护

## 一、学习目标

(1) 熟悉变频器的日常检查和定期维护。
(2) 学会更换变频器的零部件。
(3) 熟悉变频器常见故障的原因。

变频器的日常维护

## 二、工作任务

MM440 变频器主电路的电阻特性参数测量。

## 三、知识讲座

### (一) 变频器通电前检查

在设备投入运行前,必须进行必要的检查和准备工作,以防止因意外而产生故障。通常需要检查以下项目。

(1) 检查接线是否正确。尤其需要注意的是:主回路端子的连接正确、电源和电动机接线正确、接地端子已牢固连接、直流电抗器连接正确、制动单元或制动电阻连接正确。

(2) 确认各端子间或各暴露的带电部分没有短路或对地短路情况。

(3) 确认变频器各连接板的连接件、接插式连接器、螺钉无松动。

(4) 确认各操作开关均处于断开位置,保证电源接入时变频器不会启动或发生异常动作。

(5) 确认电动机未接入。

### (二) 变频器通电检查

#### 1. 试运行

从安全方面考虑,试运行的步骤基本是从空载到负载逐步进行的,具体可按以下步骤操作。

(1) 静态检查。确认电动机未接入电源,确认运行前检查无异常后,接入变频器电源。确保变频器操作面板显示正常,变频器内装的冷却风扇正常运行,变频器及外部电路无异常气味或声响,各外部连接表(或连接计)显示正常。

(2) 不带电动机的空载运行。将变频器设置为面板操作模式，通过操作面板控制变频器的启/停、加/减速，确认变频器显示及外部仪表显示正常。

(3) 带电动机的空载运行。将电动机接入，确认电动机与机械负载未连接。正确设置影响运行的各保护参数，由操作面板将变频器频率设定为 0 Hz。启动变频器，将变频器缓慢加速至电动机缓慢旋转，检查电动机转向。确认转向正确后将变频器在全部频率范围内加/减速，检查变频器及电动机有无异常声响或气味，检查各指示表是否指示正确。更改操作参数，按设定功能操作，检查各操作开关功能是否正常。

(4) 带负载运行。将机械负载接入，按要求重新检查各保护参数及加/减速时间，启动设备。检查电动机及机械负载运行是否平稳，加/减速过程及运转过程电流是否在设定范围内，加/减速过程是否平稳，有无机械振动或异常声响等。通过变频器菜单检查各参数，在确认一切正常后可锁定变频器参数并记录于变频器说明书。

注意：在试运行中若发现电动机或变频器异常，则应立即停止运行并检查故障原因，待分析清楚后方可继续运行。

### 2. 运行性能方面的报警及原因

变频器提供了较强的故障诊断功能，根据其报警信息可以判断故障原因并提供修正方案。以下故障的产生可能是运行条件恶劣、参数设置不当和设备本身故障等造成的。

#### 1) 对地短路

变频器在检测到输出电路对地短路时，保护功能将起作用，并显示报警信息。该报警发生的原因可能是电动机或电缆对地短路，必须断开电缆与变频器的连接，用适合电压等级的绝缘表检查电动机及电缆的对地绝缘。但切记不得直接测量变频器端子的对地绝缘电阻，因为变频器的输入/输出元件均是具有一定耐压程度的电子元器件，如果测量不当会将其击穿。如果电动机及电缆的绝缘在允许的范围内，则应认为是变频器本身质量的原因。在实际测试中，变频器的霍尔电流检测元件故障时也会显示接地报警。

#### 2) 过电流

过电流故障分为加速中过电流、运行中过电流和减速中过电流，在以上运行过程中变频器电流超过了过电流保护动作设定值时会产生保护动作。其产生的原因可能是：

(1) 过电流保护值设置过低，与负载不匹配；

(2) 负载过重，电动机过电流；

(3) 输出电路相间或对地短路；

(4) 加速时间过短；

(5) 在电动机的运转过程中变频器投入，而启动模式不匹配；

(6) 变频器本身故障等。

在产生过电流故障时，首先查看相关参数，检查故障发生时的实际电流，然后根据装置及负载状况判断故障发生的原因。

#### 3) 欠电压

当外部电压降低或变频器内部故障使直流母线电压降低至保护值以下时，变频器产生欠电压保护动作。欠电压动作值在一定范围内可以设定，动作方式也可通过参数设定。在许多情况下需要根据现场状态设定该保护模式。例如，在具有电炉炼钢的钢铁企业，电炉炼钢时电流波动极大。如果电源容量不是非常大，则可能会引起交流电源电压大幅度波动，这对变频器的稳定运行是一个很大的问题。在这种条件下，需要通过参数改变保护模式，防止变频器经常处于保护状态。变频器的工作电源取自直流母线，当直流母线电压降到一定值时，变频器则停止工作。

4) 过电压

变频器的过电压保护也分为加速中过电压、运行中过电压和减速中过电压。通常过电压产生的原因是电动机的再生制动电流回馈到变频器的直流母线，使变频器直流母线的电压升高到设定的过电压检测值而产生保护动作。因此过电压故障多发生于电动机减速过程中或在正常运行过程中电动机转速急剧变化的时候。解决的方法是根据负载惯性适当延长变频器的减速时间。当对动态过程要求高时，必须通过增设制动电阻来消耗电动机产生的再生能量。需要注意的是，如果输入的交流电源本身电压过高，变频器是没有保护能力的。在试运行时必须确认所用交流电源在变频器允许的输入范围内。

5) 电源缺相

输入的三相交流电源中的任意一相缺相，可能会造成主滤波电容的损坏。在变频器前面的短路保护中采用快速熔断器时，可能容易因过载或熔断器本身品质问题造成一相熔断，进而产生电源缺相故障。从保护主回路元件的目的出发，快速熔断器是一个好的选择，但该状况的产生是我们不希望看到的。因而许多品牌的变频器均建议对变频器的保护采用无熔丝保护器，通常情况下，我们也多用自动空气开关作为主回路的短路保护。

6) 外部报警

当变频器只带一台电动机时，一般不考虑再附加热继电器保护；但当一台变频器拖动多台电动机时，因变频器的保护定值远高于每一台电动机的额定电流，不能对每一台电动机进行保护，则需要在每一个电动机回路中使用热继电器，然后将所有触点串联后接入变频器。

7) 电动机过载

当设定热继电器功能时，如果运行电流达到动作值并持续设定时间，则该报警产生。其动作参数可通过参数设定，需要根据电动机及变频器的容量和运行状况合理设置。

8) 散热片过热

产生该故障的原因可能是冷却风扇故障而造成散热不良或散热片脏、堵等造成的实际散热片温度过高，也可能是变频器的模拟输入电流过大或者模拟辅助电源的电流过大。判断的方法是检查维护信息里的散热片温度，正常情况下其温度界限为：不超过 22 kW 的产品为 20℃，大容量产品为 50℃。如果其显示正常，则可能并非实际温度过高。另外，通过目视也可以清楚地看到变频器散热板的脏污情况。

9) 变频器内过热

变频器内部通风散热条件差造成内部温度上升是产生该报警的可能情况之一，模拟电流的超限也会产生该报警，还有就是控制回路的冷却风扇故障可能会产生该报警。通过检查维护信息的实际温度也可以判断故障原因。需要注意的是，如果是控制回路的冷却风扇故障，必须更换同型号风扇，否则该报警不能解除。

10）制动电阻过热

当选择制动电阻热保护功能时，如果制动电流达到动作值并持续设定时间，则该报警产生。在报警时需要检查相关参数及实际运行电流和制动电阻，以及制动单元的允许电流合理设置相关参数，包括直流制动力和制动时间的设定。

### （三）日常检查与维护

为了保证变频器长期可靠地运行，一方面要严格按照使用手册规定的使用方法安装、操作变频器；另一方面要认真做好变频器的日常检查与维护工作。变频器日常检查的项目有：

（1）检查变频器的操作面板显示是否正常，仪表指示是否正确，是否有振动、振荡等现象。

（2）检查冷却风扇部分是否运转正常，有无异常声音。

（3）检查变频器和电动机是否有异常噪声、异常振动及过热的迹象。

（4）检查变频器及引出电缆是否有过热、变色、变形、异味和噪声等异常情况。

变频器应用维护保养和故障处理

### （四）定期检查与维护

定期检查的频率根据变频器的工作环境和使用条件决定。定期检查是专业的工作，必须由具有专业知识的工作人员进行。定期检查时需要停止运行、切断电源、打开变频器外盖。在打开变频器外盖时必须确认变频器的电源指示灯已

变频器的日常维护保养条例

经熄灭，或者变频器直流母线电压的测量值已低于 25 V。定期检查的内容及方式如表 1-3-1 所示。

表 1-3-1　定期检查的内容及方式

| 检查部分 | 检查项目 | 检查方法 | 判断标准 |
|---|---|---|---|
| 周围环境 | ① 确认环境温度、湿度、振动等；<br>② 确认周围没有放置工具等异物和危险品 | ①目视和仪器测量；②目视 | ① 符合技术规范；②没放置 |
| 键盘<br>显示面板 | ① 显示是否清楚；<br>② 是否缺少字符 | ①、②目视 | ①、②清楚显示，无异常 |
| 框架盖板等<br>结构 | ① 是否有异常声音、振动；<br>② 螺栓等紧固件是否有松动；<br>③ 是否有变形损坏；<br>④ 是否有过热变色；<br>⑤ 是否有灰尘、污损 | ①目视、听觉；<br>②拧紧；③、④、⑤目视 | ①、②、③、④、⑤均无异常 |

| 检查部分 | | 检 查 项 目 | 检 查 方 法 | 判 断 标 准 |
|---|---|---|---|---|
| 主电电路 | 公共部分 | ① 螺栓是否有松动或脱落;<br>② 机器、绝缘体等是否有变形、破损,或因过热而变色;<br>③ 是否污损、附着灰尘 | ①拧紧;②、③目视 | ①、②、③均无异常 |
| | 导体导线 | ① 导体是否因过热而变形、变色;<br>② 电线护层是否有破损和变色 | ①、②目视 | ①、②均无异常 |
| | 端子排 | 是否有损伤 | 目视 | 无异常 |
| | 滤波电容器 | ① 是否有漏液、变色、裂纹或外壳膨胀;<br>② 安全阀是否正常;<br>③ 测定静电容量 | ①、②目视;③根据维护信息判断寿命 | ①、②均无异常;③静电容量≥初始值×0.85 |
| | 电阻 | ① 是否因过热而产生异味或绝缘体开裂;<br>② 是否有断线 | ①目视、嗅觉;②目视或测量 | ①无异味;②阻值在±10%标称值内 |
| | 变压器电抗器 | 是否有异常振动和异味 | 听觉、嗅觉、目视 | 无异常 |
| | 接触器继电器 | ① 工作时是否有振动声音;<br>② 接点接触是否良好 | ①听觉;②目视 | ①、②均无异常 |
| 控制电路 | 印刷电路板连接器 | ① 螺丝和连接器是否松动;<br>② 是否有异味和变色;<br>③ 是否有裂缝、破损、变形、锈蚀;<br>④ 电容器是否有漏液或变形 | ①拧紧;②嗅觉、目视;③目视;④目视,判断寿命 | ①、②、③、④均无异常 |
| 冷却系统 | 冷却风扇 | ① 是否有异常声音;<br>② 螺栓等是否有松动;<br>③ 是否有因过热而变色 | ①听觉、目视,转动检查;②拧紧;③目视 | ①平衡旋转;②、③均无异常 |
| | 通风道 | 散热片、进气口、排气口是否有堵塞或附着异物 | 目视 | 无异常 |

## (五) 变频器的测量

由于变频器输入和输出侧的电压和电流中均含有不同程度的谐波成分,用不同类别的测量仪表会测量出不同的结果,并有很大差别,甚至是错误的。因此在测量变频器参数时,应根据要求选择合适的仪表及合适的测量方法,以便得到较准确的数据。

### 1. 输入侧参数测量及仪表选择

(1) 输入电压的测量。因为是工频正弦电压,故各类仪表均可用来测量电压,但采用电磁式交流电压表的测量误差较小。

(2) 输入电流的测量。测量输入电流应使用电磁式电流表,并且测量结果取有效值。

为防止由于输入电流不平衡导致的测量误差，应测量三相电流，并取三相电流的平均值，平均电流值按下式计算，即

$$I_{1a} = \frac{I_R + I_S + I_T}{3}$$
(1-3)

(3) 输入功率的测量。测量输入功率应使用电动式仪表，通常采用两个功率表，测量电路如图 1-3-1 所示。

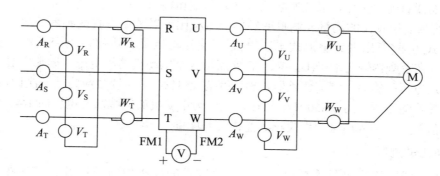

图 1-3-1　测量通用变频器电气参数的电路

若电流不平衡率超过 5%，则采用三个功率表测量。电流不平衡率按下式计算，即

$$\gamma_1 = \frac{I_{1max} - I_{1min}}{I_{1a}} \times 100\%$$
(1-4)

式中，$\gamma_1$ 为电流不平衡率；$I_{1max}$ 为最大电流；$I_{1min}$ 为最小电流；$I_{1a}$ 为三相平均电流。

(4) 输入功率因数的测量。由于变频器输入电流包含高次谐波，功率因数表直接测量功率因数时会产生较大误差，因此应根据实际测量的功率、电压和电流来计算功率因数。输入功率因数按下式计算，即

$$\cos\varphi = \frac{P_1}{3U_1 I_{1a}}$$
(1-5)

### 2. 输出侧参数测量及仪表选择

(1) 输出电压的测量。变频器的输出电压是指输出端子间基波电压的均方根值。变频器的输出电压中含有高次谐波，因此在常用仪表中，采用整流式电压表最合适。若为了进一步改善输出电压的测量精度，可以采用阻容滤波器，如图 1-3-2 所示，与整流式电压表配合使用，将会得到更精确的输出电压值。

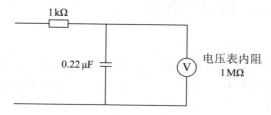

图 1-3-2　阻容滤波器的使用

(2) 输出电流的测量。变频器输出电流中含有较大的谐波，而所说的输出电流是指基

波电流的均方根值，因此应选择能测量畸变电流波形有效值的仪表，如 0.5 级电热式电流表，也可以使用 0.5 级电磁式电流表。

(3) 输出功率的测量。输出功率可采用两个功率表测量。当三相不对称时，用两个功率表测量将会有误差，当电流不平衡率超过 5% 时，应使用三个功率表测量。

(4) 变频器效率的测量。变频器的效率需要根据测量的输入功率 $P_1$ 和输出功率 $P_2$，由公式 $\eta = (P_2/P_1) \times 100\%$ 计算。另外，测量时应注意电压综合变形率小于 5%，否则，应加入交流电抗器或直流电抗器，以免影响输入功率因数和输出电压的测量结果。

(5) 变频器压频比的测量。测量变频器的压频比可以帮助查找变频器的故障。测量时应将整流式电表(万用表、整流式电压表)置于交流电压最大量程，当变频器输出频率为 50 Hz 时，在变频器输出端子(U、V、W)处测量送至电动机的线电压，读数应等于电动机的铭牌额定电压；然后，调节变频器输出频率为 25 Hz，电压读数应为上一次读数的 1/2；再调节变频器输出频率为 12.50 Hz，电压读数应为电动机的铭牌额定电压的 1/4。如果读数偏离上述值较大，则应该进一步检查其他相关的项目。

### 3. 电阻的测量

(1) 外接线路绝缘电阻的测量。为防止兆欧表的高压加到变频器上，在测量外接线路的绝缘电阻时，必须把需要测量的外接线路从变频器输出端子上拆下后再进行测量，并要注意检查兆欧表的高压是否有可能通过其他回路施加到变频器上，如果有可能，则应将所有相关的连线拆下。

(2) 变频器主电路绝缘电阻的测量。在对变频器主电路绝缘电阻测量时，必须把所有进线端(R、S、T)和出线端(U、V、W)都连接起来后，再测量其绝缘电阻，如图 1-3-3 所示。

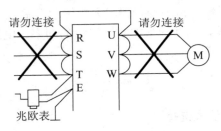

图 1-3-3　变频器绝缘电阻测量

(3) 控制电路绝缘电阻的测量。变频器控制电路绝缘电阻的测量应采用万用表的高阻挡来测量，不需要用兆欧表或其他有高电压的仪器进行测量。

## (六) 零部件的更换与变频器的保管

### 1. 零部件的更换

作为电子产品，变频器的大部分元器件均没有明确的寿命。但其冷却风扇、主滤波电容、控制电路的电解电容等都有一定的寿命限制。在进行维护时可以通过变频器维护信息检查相关元器件的寿命状况，必要时可更换。

(1) 更换冷却风扇：变频器主回路半导体器件冷却风扇加速散热，保证在允许温度以下正常运行。而冷却风扇的寿命受限于轴承，大约为 10 000～35 000 h。当变频器连续运行时，需 2～3 年更换一次风扇或轴承。

(2) 更换滤波电容器：在中间直流回路中使用的是大容量电解电容器，由于脉冲电流等因素的影响，其性能会劣化。劣化受周围温度及使用条件影响很大，一般情况下，使用周期大约为 5 年。电容器的劣化经过一定时间后发展迅速，所以检查周期最长为 1 年，接近寿命时最好在半年以内检查一次。

(3) 印刷电路板上的电解电容器使用寿命为 5～7 年，应视情况更换。

(4) 定时器在使用数年后，动作时间会有很大变化，所以在检查动作时间之后进行更换。继电器和接触器需根据开关寿命进行更换。

(5) 熔断器的额定电流大于负载电流，在正常使用条件下，寿命约为 10 年，需要在此期间更换。

### 2．变频器的保管和维护

如果变频器较长时间不用，要进行合理保管与维护。

(1) 保管。室内应保持干燥、无直射阳光、无腐蚀性气体、无灰尘；相对湿度在 20%～90%且无霜冻；温度在 −10～+30℃之间(如果温度在 40℃左右，则保管期不超过 6 个月；如果温度在 50℃左右，则保管期不超过 3 个月)。

(2) 维护。由于变频器的主电路与控制电路中使用了较多的电解电容器，如果长时间不用，会使漏电增加，耐压下降，即加速劣化(温度越高，劣化越快)。因此，每年至少接通电源一次，修复通电时间为 30～60 min。通电时只需对变频器单体通电(不必接上电动机)，把变频器的输入端接上电源即可。

## (七) 变频器的维修测试

变频器中的整流器与逆变器模块的开关器件、开关电源、驱动电路以及检测电路的损坏频率较高，表现为各种各样的故障现象，其显示的故障信息与变频器的制造商有关。在变频器的维修过程中，应从故障现象与变频器显示的故障信息入手，分析电路原理、时序关系、工作过程，找出各种可能存在的故障点，用维修检测设备来判断故障点，确定故障元器件，再对故障元器件进行替换，在对变频器进行全面的测试后，方可通电试运行和进行必要的带电检测，以使变频器恢复其固有的性能指标。

### 1．维修检测设备

常用的变频器检测设备如下。

(1) 模拟示波器。模拟示波器是用于观察和检测一个模拟信号或信号随时间变化情况的有效工具，可根据显示屏上的静、动态波形分析被测信号的特性，并根据荧光屏上的方格和选用挡位来测量其参数值。采用示波器检测变频器各点的信号波形，可以把被测信号比较真实、直观地反映在荧屏上，便于维修人员对被测信号进行定量和定性的分析。

(2) 逻辑分析仪。逻辑分析仪具有多个输入通道，可准确反映被测信号电平的逻辑状态和相应时间，即被测点的二进制编码。采用逻辑分析仪可同时对逻辑电平信号、数据总线信号、地址总线信号及芯片的输入和输出等多路数字信号的逻辑关系进行测试和比较，利用逻辑分析仪本身的瞬态定时测试功能，来捕捉窄脉冲的干扰和测试点前后的波形。逻辑分析仪特别适合对数字逻辑电路进行测试和分析。

(3) 晶体管图示仪。晶体管图示仪可用于测试变频器主电路中功率开关模块、功率开关管、集成电路传输特性及选配数字电路等。

(4) 数字集成电路测试仪。数字集成电路测试仪可用于通用中小规模数字集成电路、接口电路的逻辑功能及静态直流参数的测试，在微弱电流测试方面有良好的特性。

(5) 数字电桥。数字电桥用于测试 $R$、$L$、$C$ 等参数。

(6) 通用编程器。通用编程器用于修改、复制变频器的各种应用程序和存储各种数据。

(7) 运算放大器测试仪。运算放大器测试仪可用于通用运算放大器及电压比较器的静态直流参数的测试，在微弱电压、电流测试方面有良好的性能，适用于低失调和高阻抗器件的测试。

(8) 智能校验信号发生器。智能校验信号发生器可用于校验各类检测仪器、仪表。

### 2. 维修测试设备

变频器维修测试设备的主要功能是对维修后的变频器进行动态性能测试。测试变频器动态性能的负载一般使用交流电动机。根据变频器对负载的技术要求，即测试变频器动态性能时的负载不低于其额定容量的 10%。例如，采用 3 kW 的交流电动机可实现对 30 kV·A 以下等级变频器的动态性能测试；而采用 15 kW 的交流电动机可实现对 150 kV·A 以下等级变频器的动态性能测试。由于在变频器动态性能测试时交流电动机不能为空载，因此可以使用一台磁粉制动器来模拟电动机的负载，通过调节磁粉制动器的磁粉间隙来改变负载，以实现模拟变频调速系统实际负载的目的。在变频器动态性能测试过程中，还应对变频器输入电压、电流和变频器输出电压、电流以及三相的平衡情况、变频器输出波形的谐波分量等进行检测。变频器动态性能测试的主要设备及仪表如下。

(1) 三相交流电动机。主要参数：3 kW、15 kW。

(2) 磁粉制动器。主要参数：350 N·m。

(3) 电流传感器。主要参数：测量范围为 0～50 A，输出为 0～50 mA。

(4) 电压传感器。主要参数：测量范围为 0～1000 V，输出为 0～100 mA。

(5) 模拟电压表。主要参数：测量范围为 0～1000 V，输入为 0～100 mA。

(6) 模拟电流表。主要参数：测量范围为 0～50 A，输入为 0～50 mA。

(7) 1:3 减速器。

(8) 冷却水泵：用于磁粉制动器的冷却。

(9) 16 位 A/D 转换卡：技术参数为输入 0～10 V。

(10) 16 位 D/A 转换卡：技术参数为输出 0～10 V。

变频器动态性能测试系统的结构如图 1-3-4 所示。

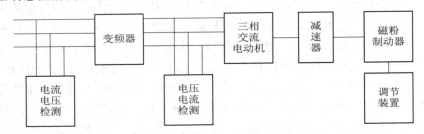

图 1-3-4　变频器动态性能测试系统的结构

## 四、任务实施

### 1. 所需要的仪表、工具和器材

(1) 仪表：MF47 型万用表、5050 型绝缘电阻表。

(2) 工具：电工通用工具、镊子等。

(3) 器材：训练器材如表 1-3-2 所示。

表 1-3-2　训练器材

| 序号 | 名　称 | 型 号 与 规 格 | 单位 | 数量 |
|---|---|---|---|---|
| 1 | 三相四线电源 | AC 3 × 380 / 220 V，20 A | 处 | 1 |
| 2 | 单相交流电源 | AC 220 V 和 36 V，5 A | 处 | 1 |
| 3 | 变频器 | 西门子 MM440、森兰 BT40 或自定 | 台 | 1 |

### 2. 操作方法

(1) 打开变频器端盖，去除所有端子的外部引线。

(2) 把指针式万用表转换开关置于 R×1 挡，检查 PE、R、S、T、U、V、W、P1、P+、DB 等端子之间的导通情况及电阻特性参数，其中，P1、P+ 端为主电路中滤波电路的正极，DB 端为制动管 VB 的集电极引出端。如果状态正常，其测试结果应符合表 1-3-3 所示的测试数据。表中所谓导通，即电阻为几欧至几十欧；不导通，即电阻很大，有十几千欧以上。

表 1-3-3　主电路电阻特性参数测试数据

| 红(−) | 黑(+) | 测试结果 | 红(−) | 黑(+) | 测试结果 |
|---|---|---|---|---|---|
| P1 | N | 几百欧 | U | P1 | 不导通 |
| N | P1 | 几十千欧 | P1 | U | 导通 |
| R | P1 | 不导通 | V | P1 | 不导通 |
| P1 | R | 导通 | P1 | V | 导通 |
| S | P1 | 不导通 | W | P1 | 不导通 |
| P1 | S | 导通 | P1 | W | 导通 |
| T | P1 | 不导通 | U | N | 导通 |
| P1 | T | 导通 | N | U | 不导通 |
| R | N | 导通 | V | N | 导通 |
| N | R | 不导通 | N | V | 不导通 |
| S | N | 导通 | W | N | 导通 |
| N | S | 不导通 | N | W | 不导通 |
| T | N | 导通 | DB | N | 导通 |
| N | T | 不导通 | N | DB | 不导通 |

## 五、能力测试

变频器风扇的拆装。

## 六、考核及评价

考核标准如表 1-3-4 所示。

表 1-3-4　考 核 标 准

| 序号 | 主要内容 | 考 核 要 求 | 评 分 标 准 | 分数 | 得分 |
|------|----------|--------------|----------------|------|------|
| 1 | 变频器风扇拆装 | 能正确拆卸和安装 | (1) 每处拆卸和安装不正确扣 15 分；<br>(2) 调试不正确扣 20 分 | 80 分 | |
| 2 | 安全文明生产 | 参照相关的法规，确保人身和设备安全 | 违反安全文明生产规程，扣 10~20 分，发生重大事故取消成绩 | 20 分 | |
| 备注 | | | 合计 | 100 分 | |
| | | | 教师签字：　　　　年　月　日 | | |

# 项目四 变频器的基本功能

## 一、学习目标

理解变频器的基本功能。

## 二、工作任务

(1) 掌握变频器的各种功能。
(2) 掌握变频器的各种应用。

## 三、知识讲座

### (一) 变频器的控制功能

#### 1. 程序控制功能

(1) 由外控信号的状态进行控制：整个工作过程全部由连接至变频器输入控制端的外控信号决定，变频器只需预置好各挡的转速及升速时间。

(2) 由变频器自动切换：即由变频器内的程序控制功能自动完成工作过程，变频器需预置的项目有：各程序的运行方式(包括正转、反转、升速、降速、停止等)及程序步之间的切换(即规定本程序完成后应转入的程序步号)。切换程序步的依据，可以由变频器内部的计时器决定，也可以由外接控制信号决定。

#### 2. PID 调节功能

PID 调节的全称是比例、积分、微分调节，是闭环控制中的一种重要的调节手段，目的是使被控物理量迅速而准确地无限接近控制目标。PID 反馈控制主要是将通过温度、压力传感器等测得的反馈信号(可以是 0~10 V 的电压信号,也可以是 4~20 mA 的电流信号)给变频器，通过变频器的相应处理输出合适的频率。当变频器有两个或多个模拟量给定信号同时从不同的端子输入时，其中必有一个为主给定信号，其他为辅助给定信号。

PID 调节功能根据"目标值"给定方式的不同，大致有两种情形：

(1) 键盘给定方式。

接线特点：将反馈信号接至变频器的外接给定端或反馈信号输入端即可。

给定方法：由键盘输入目标值的百分数。

(2) 外接给定方式。

接线特点：将目标给定信号接至外接给定端，而把反馈信号接至辅助给定端或反馈信号输入端。

给定方法：由外接电位器进行目标值的给定。

### 3．升速和降速功能

1) 升速功能

变频调速系统中，启动和升速过程是通过逐渐升高频率来实现的。

(1) 升速时间：给定频率从 0 Hz 上升至基底频率所需的时间。升速时间越短，频率上升越快，越容易"过电流"。

(2) 升速方式主要有 3 种：线性方式，即频率与时间呈线性关系；S 形方式，即开始和结束阶段升速的过程比较缓慢，中间阶段按线性方式升速；半 S 形方式，即升速过程呈半 S 形。

(3) 与启动有关的功能：

① 启动频率。用户根据需要预置启动频率，使电动机在该频率下"直接启动"。

② 启动前的直流制动功能。每次启动前，都向电动机绕组中短时间地通入直流电流，目的是保证拖动系统在零速下启动。

③ 暂停升速功能。启动惯性较大的负载时，使拖动系统在低速下运转一段时间，然后再继续升速。

2) 降速功能

在变频调速系统中，停止和降速过程是通过逐渐降低频率来实现的。

(1) 降速时间：给定频率从基底频率下降至 0 Hz 所需的时间。降速时间越短，频率下降越快，越容易"过电流"和"过电压"。

(2) 降速方式主要有 3 种：线性方式，即降速过程中，频率与时间呈线性关系；S 形方式，即开始和结束阶段降速比较缓慢，中间阶段按线性方式降速；半 S 形方式，即降速过程呈半 S 形。

### 4．频率给定及限定功能

1) 频率给定的选择功能

(1) 面板给定方式：通过面板上的键盘进行给定。

(2) 外接给定方式：通过外部的给定信号进行给定。

(3) 通信接口给定方式：由计算机或其他控制器通过通信接口进行给定。

2) 外接给定信号的选择

(1) 电压信号：通常有 0～5 V、0～±5 V、0～10 V、4～10 V 等。

(2) 电流信号：通常有 0～20 mA、4～20 mA 两种。

3) 频率限定功能

频率限定值即变频器输出频率的上、下限幅值。频率限定功能是为防止误操作或外接频率设定信号源出故障而引起输出频率的过高或过低，进而损坏设备的一种保护功能。在应用中按实际情况设定即可。此功能还可用于限速，如有的皮带输送机，由于输送物料不太多，为减少机械和皮带的磨损，可采用变频器驱动，设定变频器上限频率为某一频率值，这样就可使皮带输送机运行在一个固定、较低的工作速度上。

5. 控制模式的选择功能

1) 矢量控制模式

(1) 矢量控制模式通过矢量演算电机内部的状态，可在输出频率为 0.5 Hz 时，取得电机额定转矩 150% 的输出转矩。矢量控制是比 V/f 控制更为强力的电机控制，可以抑制由负载变动而引起的速度变动。

(2) 带速度反馈的矢量控制是性能最好的一种控制方式。

(3) 无反馈矢量控制用途十分广泛。

(4) 预置矢量控制模式：

① 电动机的容量与变频器规定的配用电动机容量相同。

② 应输入电动机的容量、极数等基本数据。

2) V/f 控制模式

(1) V/f 控制模式为以往各通用变频器中所使用的控制模式，不会识别电机参数等，在单纯同以往机种更换或简单使用时有效。另外，在无法进行矢量控制的自动调整时、使用高速电机等特殊电机时、多台电机驱动时可选择此模式。

(2) 预置 V/f 控制模式：

① 设定变频器的输出频率和电压的基本关系。

② 应输入电动机的容量、极数等基本数据。

6. 变频器的保护功能

1) 过流保护功能

(1) 必须立即停止过电流的输出：当输出电路短路、接地和逆变电路发生桥臂直通等情况时，会出现危险的短路电流，必须立即停止输出并跳闸保护变频器。

(2) 升、降速过电流的自处理：在升、降速过程中发生过电流时，变频器将自动延长升、降时间或自动暂停升、降速，使电流回到限值内，然后再恢复到原设定的升、降速时间。

(3) 运行过电流的自处理：在运行过程中发生过流时变频器将自动地适当降低工作频率，使电流回到限值以内，再恢复到原设定频率。

2) 电压保护功能

(1) 降速过电压的自处理：由于降速过快而发生过电压时，变频器将自动延长降速时间或自动暂停降速，减缓降速过程，直到电压回到正常范围后再恢复到原设定的降速时间。

(2) 欠电压保护：欠电压包含有电源电压过低、电源缺相、电源瞬时停电。

3) 过载保护功能

(1) 变频器过载保护功能主要用于变频器的过负荷保护。触发过载保护的原因可能是加减速时间过短、V/f 模式设定异常、负荷过大、变频器容量不足等。解决方法是延长加减速时间、将 V/f 模式设定返回到初始值、减小负荷、增加变频器容量。

(2) 电机过载保护功能主要用于电动机的过负荷保护。

## (二) 西门子变频器 SINAMICS G120 的安全功能

西门子变频器 SINAMICS G120 集成了标准的安全功能，并可以通过特定的授权实现更多的安全功能。

### 1. 标准安全功能

(1) STO：即安全扭矩关断功能，确保了电机不再输出扭矩，防止了一些意外的启动。

(2) SS1：即安全停止功能，该功能使电机快速停止，一旦进入静止状态，就激活 STO 功能。

(3) SBC：即安全抱闸功能，用于安全控制一个设备抱闸。

### 2. 可添加授权的安全功能

(1) SS2：即安全停车功能 2，该功能可以使得电机快速停止，一旦进入静止状态，就对静止的位置进行监控。

(2) SOS：即安全操作停止，监控安全停止的位置，并且不取消驱动的闭环控制。

(3) SDI：即安全方向监控，确保驱动器始终在一个选定的方向运行。

(4) SSM：即安全速度监控，当驱动器在某一个设定的速度以下运行时，会给出一个信号置位。

(5) SLP：即安全限位功能，监控一个轴是否在一个预设的路径范围内运行。

西门子变频器在各场所应用原理图和照片

西门子变频器 SINAMICS G120 系列为用户提供了多种安全功能，其中有自带的标准安全功能，也有通过授权后可以扩展的安全功能。在使用过程中，用户可以根据实际需求，选择相应的安全功能，从而确保自动化驱动控制系统安全稳定地运行。

## 四、任务实施

### 1. 所需要的仪表、工具和器材

(1) 仪表：MF47 型万用表、5050 型绝缘电阻表。

(2) 工具：电工通用工具及镊子等。

(3) 器材：训练器材见表 1-4-1。

表 1-4-1　训 练 器 材

| 序号 | 名　称 | 型 号 与 规 格 | 单位 | 数量 |
| --- | --- | --- | --- | --- |
| 1 | 三相四线电源 | AC 3 × 380 / 220 V，20 A | 处 | 1 |
| 2 | 单相交流电源 | AC 220 V 和 36 V，5 A | 处 | 1 |
| 3 | 变频器 | 西门子 MM440、西门子 G120 或自定 | 台 | 1 |
| 4 | 配线板 | 500 mm × 600 mm × 20 mm | 块 | 1 |
| 5 | 断路器 | DZ47-C20 | 个 | 1 |
| 6 | 导轨 | C45 | m | 0.4 |
| 7 | 熔断器及熔芯配套 | RL6-60 / 20 | 套 | 3 |
| 8 | 熔断器及熔芯配套 | RL6-15 / 4 | 套 | 2 |
| 9 | 三联按钮 | LA10-3H 或 LA4-3H | 个 | 2 |
| 10 | 接线端子排 | JX2-1015，500 V，10 A，15 节或配套自定 | 条 | 1 |

| 序号 | 名　称 | 型　号 与 规 格 | 单位 | 数量 |
|---|---|---|---|---|
| 11 | 木螺钉 | $\phi$3 mm×20 mm；$\phi$3 mm×15 mm | 个 | 40 |
| 12 | 平垫圈 | $\phi$4 mm | 个 | 40 |
| 13 | 塑料软铜线 | BVR-1.5 mm$^2$，颜色自定 | m | 40 |
| 14 | 塑料软铜线 | BVR-0.75 mm$^2$，颜色自定 | m | 10 |
| 15 | 别径压端子 | UT2.5-4，UT1-4 | 个 | 40 |
| 16 | 行槽线 | TC3025，两边打$\phi$3.5 mm 孔 | 条 | 5 |
| 17 | 异型塑料管 | $\phi$3 mm | m | 0.2 |

**2. 操作方法**

(1) 按照变频器外部接线图(如图 1-4-1 所示)，完成变频器接线，检查电路连接正确无误后，合上主电源开关。

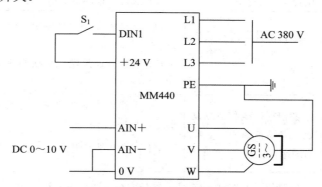

图 1-4-1　变频器外部连接图

(2) 按照表 1-4-2 设置参数。

(3) 合上开关 S$_1$，启动变频器。

(4) 旋转电位器，调节输入电压，观察电动机的运行情况。

**表 1-4-2　变频器参数设置**

| 参数号 | 出厂值 | 设置值 | 说　明 |
|---|---|---|---|
| P0304 | 230 | 380 | 电动机额定电压(V) |
| P0305 | 3.25 | 1.75 | 电动机额定电流(A) |
| P0307 | 0.75 | 2 | 电动机额定功率(W) |
| P0310 | 50 | 50 | 电动机额定频率(Hz) |
| P0311 | 0 | 2800 | 电动机额定转速(r/min) |
| P0700 | 2 | 2 | 模拟输入 |
| P0701 | 1 | 2 | 数字输入 1 端口为 ON 时电动机正转接通，为 OFF 时停止 |

## 五、能力测试

设置变频器的保护功能参数。

## 六、考核及评价

考核及评价见表1-4-3。

表 1-4-3　考 核 标 准

| 序号 | 主要内容 | 考核要求 | 评分标准 | 分数 | 得分 |
|------|----------|----------|----------|------|------|
| 1 | 电路设计 | 能根据项目要求设计电路 | (1) 设计电路不正确,每处扣5分;<br>(2) 画图不符合标准,每处扣2分 | 20分 | |
| 2 | 参数设置 | 能根据项目要求正确设置变频器参数 | (1) 参数设置错误,每处扣5分;<br>(2) 漏设参数,每处扣5分 | 30分 | |
| 3 | 接线 | 能正确使用工具及仪表,按照电路图准确地接线 | (1) 元件安装不符合要求,每处扣2分;<br>(2) 接线有违反电工手册相关规定的,每处扣2分 | 10分 | |
| 4 | 调试 | 能根据接线和参数设置,现场正确调试变频器的运行 | (1) 不能完成整个控制系统的正确调试,每处扣10分;<br>(2) 不能正确调试变频器,每处扣10分 | 30分 | |
| 5 | 安全文明生产 | 参照相关的法规,确保人身和设备安全 | 违反安全文明生产规程,扣5~10分,发生重大事故取消成绩 | 10分 | |
| 备注 | | | 合计 | 100分 | |
| | | | 教师签字:　　　年　　　月　　　日 | | |

能力测试题解

# 情景二

## 变频器的基本控制

# 项目一 / 正转连续运行控制

## 一、学习目标

熟练利用三菱 FR-S500 变频器实现电动机正转连续运行控制。

## 二、工作任务

(1) 掌握三菱变频器 FR-S500 面板的基本操作方法。
(2) 掌握三菱变频器 FR-S500 基本接线方法。
(3) 会使用三菱变频器 FR-S500 进行基本的电动机控制。

正转连续运行控制

## 三、知识讲座

### (一) 三菱变频器 FR-S500 概述

三菱变频器全称为"三菱交流变频调速器",主要用于三相异步交流电动机,用于控制和调节电动机的转速。目前在市场上被使用的三菱变频器主要有以下系列:FR-D700 系列紧凑型多功能变频器、FR-E700 系列经济型高性能变频器和 FR-A740 系列高性能矢量变频器等,本项目主要介绍三菱 FR-S500 系列变频器。

#### 1. FR-S500 系列变频器外形

FR-S500 系列变频器简单易用,其外形图如图 2-1-1 所示。

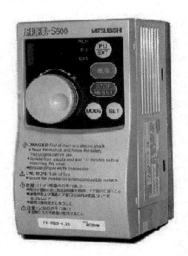

图 2-1-1 三菱 FR-S500 外形图

### 2. FR-S500 系列变频器功率范围

对于 FR-S540 机型，其输入电压为三相 380 V，输出功率为 0.4～3.7 kW；对于 FR-S520S 机型，其输入电压为单相 220 V，输出功率为 0.2～1.5 kW。

S500 基本篇

### 3. FR-S500 系列变频器特点

(1) 可以自动地实现转矩提升，例如在 6 Hz 时实现 150%的转矩输出。

(2) 采用了数字式拨盘，变频器的设定简单快捷。

(3) 采用了柔性 PWM，能够实现在更低噪音下运行。

(4) 可以实现 15 段速运行，采用了 PID 控制和 4～20 mA 的电流输入，能够实现漏、源型转换等多项功能。

(5) 机型 FR-S520S-K-R(可通过电缆接 FR-PU04 面板)及 FR-S540-K-CHR(可通过电缆接 FR-PA02-02 面板)可实现 RS-485 通信功能。

## (二) 三菱变频器 FR-S500 端子

三菱 FR-S500 系列变频器标准接线图如图 2-1-2 所示。

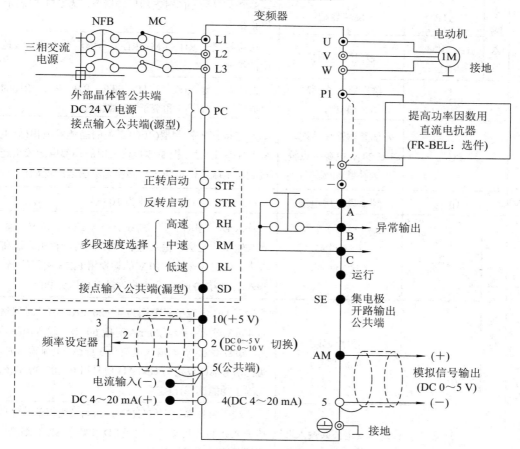

图 2-1-2　三菱 FR-S500 变频器标准接线图

**1. 输入、输出端子规格说明**

(1) 主回路端子说明如表 2-1-1 所示。

表 2-1-1　主回路端子说明

| 端子符号 | 端子名称 | 端子说明 |
|---|---|---|
| L1，L2，L3 | 电源输入 | 连接工频电源 |
| U，V，W | 变频器输出 | 连接三相电动机 |
| － | 直流电压公共端 | 此端子为直流电压公共端子 |
| PE | 接地 | 变频器外壳必须接地 |

(2) 控制回路端子说明如表 2-1-2 所示。

表 2-1-2　控制回路端子说明

| 端子符号 | | | 端子名称 | 内容说明 |
|---|---|---|---|---|
| 输入信号 | 接点输入 | STF | 正转启动 | STF 信号为 ON 时表示正转指令，为 OFF 时表示停止指令 |
| | | STR | 反转启动 | STR 信号为 ON 时表示反转指令，为 OFF 时表示停止指令 |
| | | RH，RM，RL | 多段速度选择 | 可根据端子 RH、RM、RL 信号的组合进行多段速度的控制 |
| | | SD | 接点输入公共端(漏型) | 此为接点输入(端子 STF、STR、RH、RM、RL)的公共端子。端子 5 和端子 SE 被绝缘 |
| | | PC | 外部晶体管公共端，DC 24 V 电源接点输入公共端(源型) | 当连接程序控制器(PLC)之类的晶体管输出(集电极开路输出)时，把晶体管输出用的外部电源接头连接到这个端子，可防止因回流电流引起的误动作 |
| | 频率设定 | 10 | 频率设定用电源 | DC 5 V，容许负荷电流为 10 mA |
| | | 2 | 频率设定(电压信号) | 输入 DC 电压信号范围为 0～5 V 或 0～10 V。输入与输出成比例，输入为 5 V(10 V)时，输出为最高频率。0～5 V 和 0～10 V 的切换用 Pr.73 进行控制。输入阻抗为 10 kΩ，最大容许输入电压为 20 V |
| | | 4 | 频率设定(电流信号) | 输入 DC 电流信号范围为 4～20 mA。出厂时调整为 4 mA 对应 0 Hz，20 mA 对应 60 Hz。输入阻抗约为 250 Ω，最大容许输入电流为 30 mA。电流输入时，请把信号 AU 设定为 ON。AU 信号用 Pr.60～Pr.63(输入端子功能选择)设定 |
| | | 5 | 频率设定公共输入端 | 此端子为频率设定信号(端子 2、4)及模拟信号输出端子 AM 的公共端子。端子 SD 和端子 SE 被绝缘，请不要接地 |

| 端子符号 | | 端子名称 | 内 容 说 明 |
|---|---|---|---|
| 输出信号 | A<br>B<br>C | 报警输出 | 表示变频器因保护功能动作而输出停止的1c接点输出。报警时 B、C 之间不导通(A、C 之间导通),正常时 B、C 之间导通(A、C 之间不导通) |
| | SE | 集电极开路公共端 | 变频器运行时端子 RUN 的公共端子。端子 5 和端子 SD 被绝缘 |
| | AM | 模拟信号输出 | 从输出频率和电机电流中选择一种作为输出。输出信号与各监视项目的大小成比例 |

### 2. 主回路端子的使用方法

1) 电源输入端子的使用方法

(1) 输入电源通过断路器连接至主电路电源输入端子(L1、L2、L3),电源必须为工频电源。为安全起见,输入电源必须通过电磁接触器及漏电断电器或无熔丝断路器与接头相连。

(2) 由于在变频器输入输出布线和电机中存在分布电容,会有漏电电流产生,因此在变频器的一次侧要接入漏电保护装置或者带漏电保护功能的断路器。

(3) 为保护变频器一次侧接线,需要设置无熔丝断路器(NFB)。NFB 的选择是根据变频器电源侧功率因素(如电源电压、输出频率、负荷变化)而定的,具体要根据电机容量的大小来确定。

2) 变频器输出端子的使用方法

(1) 变频器输出端子(U、V、W)按正确相序接至三相电动机。

(2) 输入电源一定不能直接接到变频器输出端子(U、V、W)上,否则将损坏变频器。

### 3. 控制回路端子的使用方法

1) 控制回路端子的排列

控制回路的端子排列如图 2-1-3 所示。

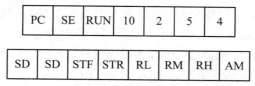

| PC | SE | RUN | 10 | 2 | 5 | 4 |
|---|---|---|---|---|---|---|
| SD | SD | STF | STR | RL | RM | RH | AM |

图 2-1-3 控制回路端子排列图

(1) 端子 SD、SE 及 5 是输入输出信号的公共端子,此类公共端子不要接地。

(2) 连接控制回路端子的导线要使用屏蔽线或双绞线,而且要与主回路、强电回路分开布线。

(3) 控制回路的输入信号是微弱电流,通过接点输入时,为防止接触不良,需使用两个以上微弱信号并采用接点并联或双生接点的方式。

2) 输入端子的使用方法

(1) 运行(启动用端子 STF、STR)和停止(用端子 STOP)。启动或停止电机时,首先把变频器的输入电源设为 ON(输入侧有电磁接触器时把电磁接触器设为 ON),然后用正转或反转信号进行电机的启动。电机的启动与停止有双线式(用 STF、STR)和三线式(用 STF、STR 和 STOP)两种接线方式，如图 2-1-4 所示。

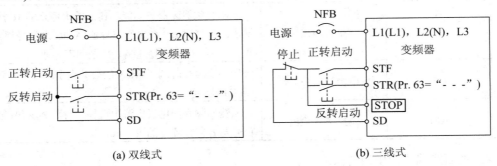

(a) 双线式　　　　　　　　　　(b) 三线式

图 2-1-4　启动和停止的两种接线方式

(2) 频率设定。模拟的频率设定输入信号可以是电压信号或电流信号。频率设定的输入信号与输出频率成比例，但是，在启动频率较小的情况下，变频器的输出频率为 0 Hz。输入信号即使超过 DC 5 V(或 10 V，20 mA)，输出也不会超过最大输出频率。

① 电压输入(使用端子 10、2 和 5)。用 DC 0～5 V(或 DC 0～10 V)在频率设定输入端子 2 和端子 5 之间输入频率设定输入信号，端子 2 和端子 5 之间输入 5 V(10 V)时的输出频率最大。

若 Pr.73 设定为"0"，则为 DC 0～5 V 输入，如果使用变频器内置电源时，则使用端子 10。若 Pr.73 设定为"1"，则为 DC 0～10 V 输入。电压信号输入方式如图 2-1-5 所示。

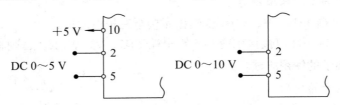

图 2-1-5　电压信号输入方式

② 电流输入。风扇、泵等需要对压力、温度进行一定的控制运行时，把调节计的输出信号 DC 4～20 mA 输入到端子 4 和端子 5 之间可实现自动运行。用 DC 4～20 mA 信号运行时，必须把信号 AU 到 SD 间短接。但在多段速信号输入的状态下，电流输入无效。

③ 外部频率选择(使用端子 REX、RH、RM、RL)。通过多段速选择端子 REX、RH、RM、RL 和端子 SD 之间的短路组合，外部指令正转启动信号最大可达 15 速，外部指令反转启动信号最大可选择 7 速。通过启动信号端子 STF(STR)和端子 SD 之间短路可实现多段速运行。

④ 模拟输出的调整(AM)。从端子 AM-5 可以输出 DC 5 V 的模拟信号。模拟输出电平的校正可用操作面板或者参数单元(FR-PU04)操作。端子 AM 功能选择可用 Pr.54"AM 端子功能选择"进行设定。端子 AM 与变频器的控制回路不绝缘。请使用屏蔽线，线长不要超过 30 m。

⑤ 控制回路的公共端子(包括 SD、5 和 SE)。端子 SD、5 和 SE 中的任意一个都可作为输入输出端子的公共端，它们之间相互绝缘。端子 SD 是接点输入端子(STF、STR、RH、

RM、RL)的公共端子，端子5是频率设定信号及显示表端子AM的公共端子，端子SE为集电极开路输出端子(RUN)的公共端。为避免受到外部噪声的干扰，可采用屏蔽线或双绞线。

## (三) 相关功能参数介绍

变频器相关功能参数介绍见表2-1-3。

### 表2-1-3 相关功能参数介绍

| 参数 | 显示 | 名称 | 设定范围 | 最小设定单位 | 出厂设定值 | 说明 |
|---|---|---|---|---|---|---|
| 1 | P1 | 上限频率 | 0～120 Hz | 0.1 Hz | 50 Hz | |
| 2 | P2 | 下限频率 | 0～120 Hz | 0.1 Hz | 0 Hz | 当Pr.2设定值高于Pr.13"启动频率"设定值时，即使指令频率没有输入，只要启动信号为ON，电机就在设定频率下运行 |
| 13 | P13 | 启动频率 | 0～120 Hz | 0.1 Hz | 0.5 Hz | 如果设定频率小于启动频率的设定值，变频器将不能启动 |
| 15 | P15 | 点动频率 | 0～120 Hz | 0.1 Hz | 5 Hz | 在外部运行模式时，用输入端子功能选择，可选择点动运行功能，当点动信号为ON时，用启动信号(STF，STR)进行启动、停止 |
| 17 | P17 | 旋转方向选择 | 0：正转；<br>1：反转 | | 0 | |
| 52 | P52 | 显示功能参数 | 0：输出频率；<br>1：输出电流；<br>100：停止中设定频率/运行中输出频率 | | | |
| 79 | P79 | 运行模式选择 | 0：电源投入时为外部运行模式(详见使用手册)；<br>1：PU运行模式，运行频率用操作面板进行设定，用RUN键进行启动；<br>2：外部运行模式，运行频率由外部输入信号设定，外部信号输入(端子STF，STR)启动；<br>7：外部运行模式(PU运行互锁)；<br>8：用外部信号切换运行模式(运行时禁止) | | 0 | |

## (四) 面板操作方法

三菱变频器 FR-S500 操作面板如图 2-1-6 所示。

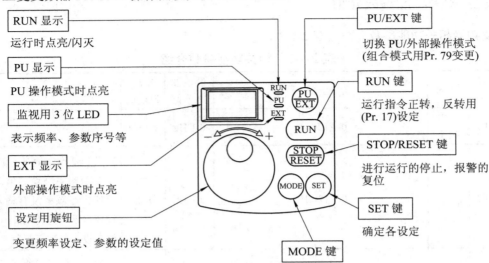

图 2-1-6　三菱变频器 FR-S500 操作面板

### 1. 频率设定(设定运行频率为 30 Hz)

(1) 接通电源时 LED 的显示如图 2-1-7 所示。

图 2-1-7　接通电源时 LED 的显示

(2) 按 $\binom{PU}{EXT}$ 键，直到 PU 灯亮，设定为 PU 操作模式，如图 2-1-8 所示。

图 2-1-8　PU 操作模式的选择

(3) 用旋钮设定频率，拨动旋转按钮到 30.0，如图 2-1-9 所示。

图 2-1-9　频率设定操作方法

(4) 在数字闪烁期间按 (SET) 键,确认设定的频率。如果闪烁期间不按 (SET) 键,闪烁 5 s 后,LED 的显示又回到 0.0。此时,应再回到步骤(3)重新操作,如图 2-1-10 所示。

图 2-1-10 设定频率

(5) 约闪烁 3 s 后,LED 的显示回到 0.0。按 RUN 键运行,如图 2-1-11 所示。

图 2-1-11 运行操作方法

(6) 改变设定频率时,请进行上述(3)、(4)的操作。

(7) 按 (STOP/RESET) 键,停止,如图 2-1-12 所示。

图 2-1-12 停止操作方法

## 2. 参数设定(把 Pr.7 的设定值从 "5.0 s" 变到 "10.0 s")

(1) 运行显示和操作模式显示的确认。

① 按 (STOP/RESET) 键,停止。

② 按 (PU/EXT) 键选择 PU 操作模式。

(2) 按 (MODE) 键,进入参数设定模式,如图 2-1-13 所示。

图 2-1-13 进入参数设定模式

(3) 拨动旋转按钮，选择参数号码，如图 2-1-14 所示。

图 2-1-14　参数的选择

(4) 按 SET 键，显示出设定的参数值，如图 2-1-15。(例如，显示设置为"5.0"。)

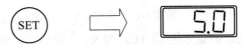

图 2-1-15　参数值的显示

(5) 拨动旋转按钮变成期望值(设定值由"5.0"变成"10.0")，如图 2-1-16 所示。

图 2-1-16　参数值的重新设定

(6) 按 SET 键，参数设定完成，如图 2-1-17 所示。

闪烁……参数设置结束

图 2-1-17　参数设定完成

# 四、任务实施

## (一) 控制方案设计

### 1. 正转运行基本电路

1) 正转运行电路

正转运行电路图如图 2-1-18 所示。首先将正转接线端 STF 和公共端 SD 连接起来，然后合上开关接通电源，电动机则开始正转运行。如果要让电动机停止，则只需按下操作面板上的停止/复位键，变频器就会从设定频率下降到 0 Hz。

2) 参数设定

相关参数设定如下：

(1) Pr.1 设为 60 Hz，Pr.2 设为 0.5 Hz。

（2）Pr.13 设为 50 Hz。

（3）Pr.17 设为"1"，方向为正转。

如果电动机的旋转方向和我们实际需要的方向相反，不必更换电动机的接线，可以通过以下两种方法来调整：

（1）将由 SD 端接至 STF 端的连线改接至 STR 端。

（2）将接至 STF 端的连线断开，把 Pr.17 设为"0"来改变旋转方向。

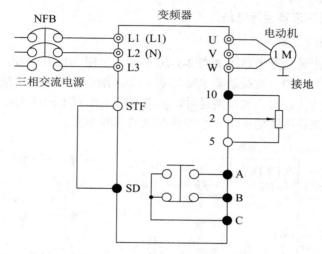

图 2-1-18　基本正转控制电路

## 2. 旋转按钮开关控制的正转运行电路

### 1）旋转按钮开关控制的正转运行电路

旋转按钮开关控制的正转运行电路图如图 2-1-19 所示。在正转接线端 STF 和公共端 SD 之间接入旋转按钮开关 SA，并由它来控制电动机的启动和停止。

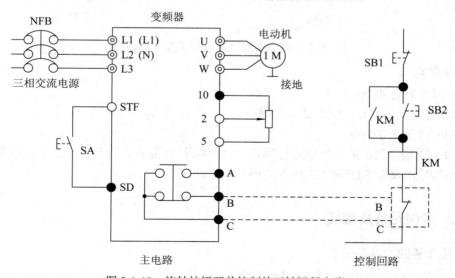

图 2-1-19　旋转按钮开关控制的正转运行电路

2) 参数设定

相关参数设定如下:

(1) Pr.1 设为 60 Hz，Pr.2 设为 0.5 Hz。

(2) Pr.13 设为 50 Hz。

(3) Pr.79 设为 2，采用外部运行模式，运行频率由端子 2 和端子 5 之间的调节器来调节，启动信号由端子 STF 和 SD 输入的外部信号产生。

### 3. 继电器控制的正转运行电路

1) 继电器控制的电路

继电器控制的正转运行电路图如图 2-1-20 所示。由图 2-1-20 可知，电动机的启动与停止是由继电器 KA 完成的。在接触器 KM 未吸合前，继电器 KA 是不能接通的，从而防止了先接通 KA 的误动作。而当 KA 接通时，其常开触头使常闭按钮 SB1 失去作用，从而保证了只有在电动机先停机的情况下，才能使变频器切断电源。

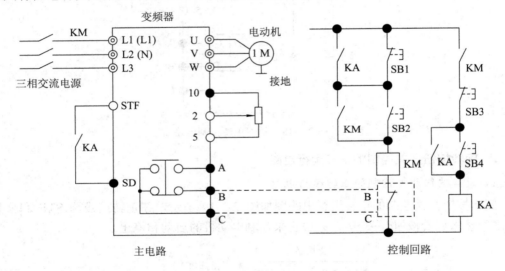

图 2-1-20　继电器控制的正转运行电路

2) 参数设定

相关参数设定如下:

(1) Pr.1 设为 60 Hz，Pr.2 设为 0.5 Hz。

(2) Pr.13 设为 50 Hz。

(3) Pr.79 设为 2，采用外部运行模式，运行频率由端子 2 和端子 5 之间的调节器来调节，启动信号由端子 STF 和 SD 输入的外部信号产生。

## (二) 实训设备及接线

### 1. 所需要的工具及设备

(1) 工具为电工通用工具和通用型万用表。

(2) 所需主要设备如表 2-1-4 所示。

表 2-1-4　主 要 设 备

| 序号 | 名　称 | 型号与规格 | 单位 | 数量 | 备　注 |
|---|---|---|---|---|---|
| 1 | 三相电源 | AC 3 × 380 / 220 V，20 A | 处 | 1 | |
| 2 | 单相交流电源 | AC 220 V 和 36 V，5 A | 处 | 1 | |
| 3 | 变频器 | 三菱 FR-S500 | 台 | 1 | |
| 4 | 三相笼型异步电动机 | Y100L1-4 | 台 | 1 | 可根据实际情况选择相应电动机 |
| 5 | 交流接触器 | CJX1-9 | 个 | 1 | |
| 6 | 无熔丝断路器(NFB) | NFB-33S / NFB-32S，5 A | 个 | 1 | |
| 7 | 电位器 | 1 kΩ，2 W | 个 | 1 | |
| 8 | 三联按钮 | LA4-3H | 个 | 2 | |

**2. 接线注意事项**

(1) 如果电源是单相交流电源，电源线接到 L1、N 端就可以了。电源线千万不要接到 U、V、W 端上，否则将损坏变频器。

(2) 为了不影响信号传输，信号线和动力线最好分开布线，至少要分开 10 cm 以上。

(3) 为了安全起见，输入电源不要直接与变频器连接，最好通过电磁接触器及漏电断电器或无熔丝断路器与接头相连。

(4) 端子 SD 和端子 5 是公共端子，请不要接地。

(5) 接线后，零碎线头必须清除干净，因为零碎线头可能造成变频器异常、失灵和故障，故必须始终保持变频器清洁。在控制台上打孔时，请注意不要使碎片粉末等进入变频器中。

(6) 长距离布线时，由于受到布线的寄生电容充电电流的影响，会使快速响应电流限制功能降低，导致接于二次侧的仪器误动作而产生故障，因此，请注意总接线长度。

(7) 变频器和电动机间的接线距离较长时，特别是低频率输出情况下，会由于主电路电缆的电压下降而导致电动机的转矩下降。为使电压下降在 2% 以内，请选用适当型号的电线接线。

(8) 运行以后，如需再次改变接线的操作，必须在电源切断 10 min 以上，用万用表检查电压后再进行，因为变频器断电后一段时间内，电容上仍然有危险的高压电存在。

**(三) 联机调试**

(1) 合上电源，把万用表调至交流 750 V 挡位，分别检测 L1、L2 和 L3 端的电压是否是 380 V，并记录到表 2-1-5 中。

(2) 用万用表测 U、V、W 端的电压及电流，看变频器输出的电压、电流是否为电动机所需的额定电压、额定电流，并记录到表 2-1-5 中。

(3) 观察电动机旋转的方向是否为所设定的方向，如果电动机的旋转方向与所设定的方向相反，则按控制方案中的方向进行修改。

表 2-1-5　电压电流记录表

| 端　　口 | 电压/V | 电流/A |
|---|---|---|
| L1、L2、L3 |  |  |
| U、V、W |  |  |
| 电动机 |  |  |

## (四) 实操结果分析

保持电源不变，通过操作面板改变变频器的输出频率(从小到大，不要超过设定的上限频率，也不要低于设定的下限频率)，观察电动机转速的变化，把变频器调至运行显示，分别查看在不同频率下电动机的转速、电压、电流，记录到表 2-1-6 中，分析所得数据并给出结论。

表 2-1-6　电机运行情况记录表

| 序号 | 频率/Hz | 转速/(r/min) | 电压/V | 电流/A |
|---|---|---|---|---|
| 1 |  |  |  |  |
| 2 |  |  |  |  |
| 3 |  |  |  |  |
| 4 |  |  |  |  |
| 5 |  |  |  |  |
| 6 |  |  |  |  |

# 五、能力测试

(1) 设计一个控制电路，实现电动机连续正转和点动，且能通过变频器控制电动机的启动和停车。

(2) 设计一个控制电路，实现电动机正转运行，要求稳定运行频率为 35 Hz。

# 六、考核及评价

考核标准如表 2-1-7 所示。

表 2-1-7　考核标准

| 序号 | 主要内容 | 考核要求 | 评分标准 | 分数 | 得分 |
|---|---|---|---|---|---|
| 1 | 电路设计 | 能根据项目要求设计电路 | (1) 设计电路不正确，每处扣 5 分；<br>(2) 画图不符合标准，每处扣 2 分 | 20 分 | |
| 2 | 参数设置 | 能根据项目要求正确设置变频器参数 | (1) 参数设置错误，每处扣 5 分；<br>(2) 漏设参数，每处扣 5 分 | 30 分 | |
| 3 | 接线 | 能正确使用工具及仪表，按照电路图准确地接线 | (1) 元件安装不符合要求，每处扣 2 分；<br>(2) 接线有违反电工手册相关规定的，每处扣 2 分 | 10 分 | |
| 4 | 调试 | 能根据接线进行参数设置，能现场调试变频器的运行 | (1) 不会修改参数，每处扣 10 分；<br>(2) 不能正确调试变频器，每处扣 10 分 | 30 分 | |
| 5 | 安全文明生产 | 参照相关的法规，确保人身和设备安全 | 违反安全文明生产规程，扣 5～10 分 | 10 分 | |
| 备注 | | | 合计 | 100 分 | |
| | | | 教师签字：　　　　　　　年　月　日 | | |

能力测试题解1

能力测试题解2

# 项目二 正反转运行控制

## 一、学习目标

熟练利用西门子 MM440 变频器实现电动机的正反转运行。

## 二、工作任务

(1) 掌握西门子 MM440 变频器参数的正确设置方法。
(2) 掌握西门子 MM440 变频器输入端子的操作控制方式。
(3) 会利用西门子 MM440 变频器实现电动机正反转、平稳启动运行。

正反转控制电路

## 三、知识讲座

### 1. 西门子参数简介

西门子相关参数如表 2-2-1、表 2-2-2 和表 2-2-3 所示。

表 2-2-1 西门子参数表 I(基本参数)

| 属性组 | 参数号 | 参数值 | 说　明 | 主要参数范围 |
|---|---|---|---|---|
| 用户访问 | P0003 | 0 | 用户定义的参数表 | |
| | | 1 | 标准访问，经常使用的参数 | |
| | | 2 | 扩展访问，允许扩展访问参数的范围 | |
| | | 3 | 专家访问，仅用于有经验的专家访问 | |
| | | 4 | 服务访问，仅用于授权服务/维修人员，且有密码保护 | |
| 组别 | P0004 | 0 | 所有参数 | |
| | | 2 | 传动变频器参数 | 0200～0299 |
| | | 3 | 电动机参数 | 0300～0399 和 0600～0699 |
| | | 4 | 速度编码器 | 0400～0499 |
| | | 5 | 工艺应用/装置 | 0500～0599 |
| | | 7 | 控制命令、数字 I/O | 0700～0749 和 0800～0899 |
| | | 8 | 模拟输入/输出 | 0750～0799 |
| | | 10 | 给定值通道和斜坡函数发生器 | 1000～1199 |

| 属性组 | 参数号 | 参数值 | 说　明 | 主要参数范围 |
|---|---|---|---|---|
| 组别 | P0004 | 12 | 传动变频器功能 | 1200～1299 |
| | | 13 | 电动机开环/闭环控制 | 1300～1799 |
| | | 20 | 通信 | 2000～2099 |
| | | 21 | 故障、报警、监控功能 | 2100～2199 |
| | | 22 | 工艺调节器(PID 调节器) | 2200～2399 |
| 选择命令源 | P0700 | 0 | 工厂缺省值 | |
| | | 1 | BOP 操作面板 | |
| | | 2 | 端子排 | |
| | | 4 | BOP 链路上的 USS | |
| | | 5 | COM 链路上的 USS | |
| | | 6 | COM 链路上的 CB | |
| 改变工作状态 | P0010 | 0(U) | 准备运行 | |
| | | 1(C) | 快速调试 | |
| | | 30(T) | 工厂缺省值 | |
| 设置使用地区 | P0100 | 0 | 欧洲:功率单位为 kW;频率默认值为 50 Hz | |
| | | 1 | 北美:功率单位为 hp;频率默认值为 60 Hz | |
| | | 2 | 北美:功率单位为 kW;频率默认值为 60 Hz | |
| 应用对象属性 | P0205 | 0 | 恒转矩 | |
| | | 1 | 变转矩 | |

### 表 2-2-2　西门子参数表 II (电机类参数)

| 属性组 | 参数号 | 参数值 | 说　明 |
|---|---|---|---|
| 选择电动机类型 | P0300 | 1 | 异步电动机 |
| | | 2 | 同步电动机 |
| 电动机额定电压 | P0304 | 10～2000 V | 应根据电动机铭牌上的额定电压来设定 |
| 电动机额定电流 | P0305 | — | 电动机额定电流值的设定范围一般为变频器额定电流的 0～2 倍。对于异步电动机,电动机电流的最大值定义为变频器的最大电流;对于同步电动机,电动机电流的最大值为变频器最大电流的两倍。本参数只能在快速调试 P0010 = 1 时进行修改 |
| 电动机额定功率 | P0307 | 0～2000 kW | 应根据所选电动机铭牌上的额定功率来设定。本参数只能在快速调试 P0010 = 1 时修改 |
| 电动机额定功率因数 | P0308 | 0.000～1.000 | 根据所选电动机铭牌上的额定功率因数来设定。本参数只能在 P0100 = 0 或 2 的情况下,即输入功率的单位用 kW 表示时才能看见,而且只能在快速调试 P0010=1 时进行修改 |

| 属性组 | 参数号 | 参数值 | 说　明 |
|---|---|---|---|
| 电动机额定频率 | P0310 | 12~650 Hz | 根据所选电动机铭牌上的额定频率来设定。本参数只能在快速调试 P0010 = 1 时进行修改 |
| 电动机额定转速 | P0311 | 0~40 000 r/min | 根据所选电动机铭牌上的额定转速来设定。本参数只能在快速调试 P0010 = 1 时进行修改,参数的设定值为 0 时,将由变频器的内部来计算电动机的额定转速。对于带速度控制器的 VC 控制和 V/f 控制方式,必须有这一参数。如果这一参数进行了修改,变频器将自动重新计算极对数 |
| 电动机的冷却 | P0335 | 0 | 自冷,采用安装在电动机轴上的风机进行冷却 |
| | | 1 | 强制冷却,采用单独供电的冷却风机进行冷却 |
| | | 2 | 自冷和内置冷却风机 |
| | | 3 | 强制冷却和内置冷却风机 |
| 电动机过载 | P0640 | 10.0%~400.0% | 以电动机额定电流 P0305 设定值的百分值表示的电动机过载电流限幅值。本参数的工厂默认值为 150% |
| 频率设定值 | P1000 | 1 | 电动电位计设定 |
| | | 2 | 模拟设定值 1 |
| | | 3 | 固定频率设定 |
| | | 7 | 模拟设定值 2 |
| 电动机最低频率 | P1080 | 0.00~650.00 Hz | 工厂默认值为 0.00 Hz。本参数设定最低的电动机频率,当电动机达到这一频率时,电动机的运行速度将与频率设定值无关 |
| 电动机最高频率 | P1082 | 0.00~650.00 Hz | 工厂默认值为 50.00 Hz。本参数设定最高的电动机频率,当电动机达到这一频率时,电动机的运行速度将与频率设定值无关 |
| 斜坡上升时间 | P1120 | 0~650 s | 本参数为电动机从静止状态加速到最高频率 P1082 设定值所用的时间 |
| 斜坡下降时间 | P1121 | 0~650 s | 本参数为电动机从最高频率 P1082 的设定值减速到静止停车所用的时间 |
| 电动机数据自动检测方式 | P1910 | 0 | 禁止自动检测 |
| | | 1 | 所有参数都带参数修改的自动检测 |
| | | 2 | 所有参数都不带参数修改的自动检测 |
| | | 3 | 饱和曲线带参数修改的自动检测 |
| | | 4 | 饱和曲线不带参数修改的自动检测 |
| 结束快速调试 | P3900 | 0 | 不用快速调试 |
| | | 1 | 结束快速调试,并按工厂设置使参数复位 |
| | | 2 | 结束快速调试 |
| | | 3 | 结束快速调试,只进行电动机数据的计算 |

表 2-2-3　P003 和 P004 的组合使用

| P0003 参数值 | P0004 参数值 | 说　明 |
|---|---|---|
| 1 | 2 | 表示访问变频器参数，访问等级为标准级 |
| 2 | 3 | 表示访问电动机参数，访问等级为扩展级 |
| 1 | 10 | 表示访问设定值通道和斜坡函数发生器，访问等级为标准级。此时设置频率设定值可选择参数 P1000 |
| 2 | 7 | 表示访问命令和 I/O，访问等级为扩展级。此时可访问数字输入参数 P0701～P0708，设置数字输入 1～8 端口的功能 |
| 2 | 10 | 表示访问设定值通道和斜坡函数发生器，访问等级为扩展级。此时可访问固定频率 1～15 的参数 P1001～P1015，通过设置 P1001～P1015 的频率参数，实现多段固定频率控制 |

**2. 变频器的工厂设定**

西门子 MICROMASTER 出厂时，不需要任何附加参数设置就可以运行，在缺省值状态下工作，变频器缺省值设定必须与 4 极电动机数据相匹配，包括电动机额定功率 P0307、电动机额定电压 P0304、电动机额定电流 P0305、电动机额定频率 P0310，其他设置如下：

(1) 通过数字量输入的控制(ON/OFF1 命令——接通正转/停车命令 1)(数字量输入的预设值如表 2-2-4 所示)。

(2) 通过模拟量输入 1 的给定值 P1000 = 2。

(3) 异步电动机 P0300 = 1。

(4) 自冷电动机 P0350 = 0。

(5) 电动机过载系数 P0640 = 150%。

(6) 最小频率 P1080 = 0 Hz。

(7) 最大频率 P1082 = 50 Hz。

(8) 斜坡上升时间 P1120 = 10 s。

(9) 斜坡下降时间 P1121 = 10 s。

(10) 线性 V/f 特性 P1300 = 0。

表 2-2-4　数字量输入的预设值

| 数字量输入 | 端　子 | 参　数 | 功　能 | 激活 |
|---|---|---|---|---|
| 命令源 | — | P0700 = 2 | 端子排 | 是 |
| 数字量输入 1 | 5 | P0701 = 1 | ON/OFF1 | 是 |
| 数字量输入 2 | 6 | P0702 = 12 | 反向 | 是 |
| 数字量输入 3 | 7 | P0703 = 9 | 故障确认 | 是 |
| 数字量输入 4 | 8 | P0704 = 15 | 固定给定值(直接) | 否 |
| 数字量输入 5 | 16 | P0705 = 15 | 固定给定值(直接) | 否 |
| 数字量输入 6 | 17 | P0706 = 15 | 固定给定值(直接) | 否 |
| 数字量输入 7 | 通过 ADC1 | P0707 = 0 | 数字量输入封锁 | 否 |
| 数字量输入 8 | 通过 ADC2 | P0708 = 0 | 数字量输入封锁 | 否 |

在其他外围条件都具备后，在已接上电动机和电源后，工厂设定可以完成以下功能：

(1) 电动机能启动和停车(通过带外部开关的 DIN1)。

(2) 旋转方向可以改变(通过带外部开关的 DIN2)。

(3) 故障复位(通过带外部开关的 DIN3)。

(4) 可以输入频率给定值(通过带外部电位计的 ADC1、ADC2 的缺省设定：电压输入)。

(5) 可以输出频率实际值(通过 D/A 变换器，D/A 变换器输出：电流输出)。

**3. 数字输入端口**

西门子 MM440 变频器有 6 个数字输入端口(DIN1～DIN6)，即端口"5""6""7""8""16""17"，如图 2-2-1 所示。

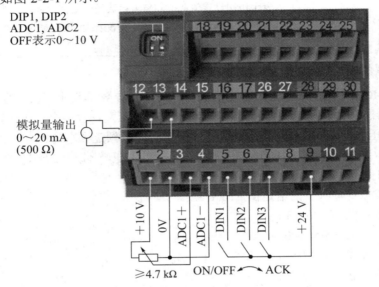

图 2-2-1　西门子 MM440 变频器的端口

每个数字输入端口有很多功能，可根据工程的实际需要进行设置。参数 P0701～P0706 为数字输入功能 1 至数字输入功能 6，每一个数字输入功能设置参数值范围均为 0～99，具体如表 2-2-5 所示。

表 2-2-5　参数 P0701～P0706

| 参数值 | 说　明 | 参数值 | 说　明 |
|---|---|---|---|
| 0 | 数字量输入禁止 | 13 | MOP 上升(增大频率) |
| 1 | ON/OFF1 | 14 | MOP 下降(降低频率) |
| 2 | ON+反向/OFF1 | 15 | 固定给定值(直接选择) |
| 3 | OFF2 命令的自由停车 | 16 | 固定给定值(直接选择 ON+) |
| 4 | OFF3 命令的快速斜坡下降 | 17 | 固定给定值(二进制码选择 ON+) |
| 9 | 故障确认 | 25 | DC 制动使能 |
| 10 | 点动，右 | 29 | 外部脱扣 |
| 11 | 点动，左 | 33 | 禁止附加频率给定值 |
| 12 | 反向 | 99 | 使能 BICO 参数设置 |

# 四、任务实施

## 1. 控制方案设计

1) 电路图设计

外部控制电路如图 2-2-2 所示。

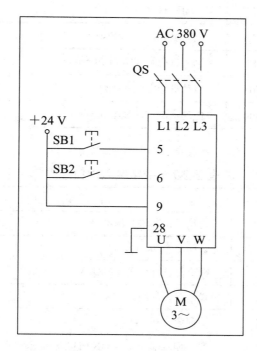

图 2-2-2　外部控制电路

2) 参数设定

相关参数设定如下：

(1) 变频器恢复到工厂默认值状态。设定 P0010 = 30 和 P0970 = 1，按下 P 键，开始复位，复位过程大约为 3 min。

(2) 设定电动机参数。电动机选用 YS 系列电机，型号为 YS8012，其额定参数如下：

额定功率：0.75 kW。

额定电压：380 V。

额定电流：1.75 A。

功率因数：0.82。

额定转速：2800 r/min。

额定频率：50 Hz。

额定转矩：2.4 N·m。

电动机参数设置如表 2-2-6 所示。电动机参数设定完成后，设定 P0010 = 0，使变频器处于准备运行状态。

表 2-2-6  电动机参数设置

| 参数号 | 出厂值 | 设定值 | 说　明 |
|---|---|---|---|
| P0010 | 0 | 1 | 快速调试 |
| P0304 | 230 | 380 | 电动机额定电压(V) |
| P0305 | 3.25 | 1.75 | 电动机额定电流(A) |
| P0307 | 0.75 | 0.75 | 电动机额定功率(kW) |
| P0308 | 0 | 0.82 | 电动机额定功率因数($\cos\varphi$) |
| P0310 | 50 | 50 | 电动机额定频率(Hz) |
| P0311 | 0 | 2800 | 电动机额定转速(r/min) |

(3) 设定数字输入端口参数，如表 2-2-7 所示。

表 2-2-7  数字输入端口参数

| 参数号 | 出厂值 | 设置值 | 说　明 |
|---|---|---|---|
| P0003 | 1 | 1 | 设用户访问级为标准级 |
| P0004 | 0 | 7 | 访问命令和 I/O |
| P0700 | 2 | 2 | 命令源选择由端子排输入 |
| P0003 | 1 | 2 | 设用户访问级为扩展级 |
| P0004 | 0 | 7 | 访问命令和 I/O |
| P0701 | 1 | 1 | 数字输入端子 1 为 ON 时电动机正转接通，为 OFF 时停止 |
| P0702 | 1 | 2 | 数字输入端子 1 为 ON 时电动机反转接通，为 OFF 时停止 |
| P0003 | 1 | 1 | 设用户访问级为标准级 |
| P0004 | 0 | 10 | 访问设定值通道和斜坡函数发生器 |
| P1000 | 2 | 1 | 频率设定值：由电动电位计输入设定 |
| P1080 | 0 | 0 | 设定电动机最低频率 |
| P1082 | 50 | 50 | 设定电动机最高频率 |
| P1120 | 10 | 10 | 斜坡上升时间 |
| P1121 | 10 | 10 | 斜坡下降时间 |
| P0003 | 1 | 2 | 设用户访问级为扩展级 |
| P0004 | 0 | 10 | 访问设定值通道和斜坡函数发生器 |
| P1040 | 5 | 20 | 设定键盘控制的频率值 |

### 2. 所需要的工具及设备

(1) 工具为电工通用工具和通用型万用表。

(2) 所需主要设备如表 2-2-8 所示。

表 2-2-8 主 要 设 备

| 序号 | 名 称 | 型号与规格 | 单位 | 数量 | 备 注 |
|---|---|---|---|---|---|
| 1 | 三相电源 | AC 3×380/220 V，20 A | 处 | 1 | |
| 2 | 单相交流电源 | AC 220 V 和 36 V，5 A | 处 | 1 | |
| 3 | 变频器 | 西门子 MM440 | 台 | 1 | |
| 4 | 三相笼型异步电动机 | YS8012 | 台 | 1 | 可根据实际情况选择相应电动机 |
| 5 | 交流接触器 | CJX1-9 | 个 | 1 | |
| 6 | 无熔丝断路器(NFB) | NFB-33S/NFB-32S，5 A | 个 | 1 | |
| 7 | 电位器 | 1 kΩ，2 W | 个 | 1 | |
| 8 | 三联按钮 | LA4-3H | 个 | 2 | |

### 3. 联机调试

(1) 按图 2-2-2 所示连接电路，检查电路正确无误后，合上主电源开关 QS。

(2) 电动机正向运行。当按下自锁按钮 SB1 时，变频器数字端口"5"为 ON，电动机按 P1120 所设置的 10 s 斜坡上升时间正向启动，经过 10 s 后稳定运行在 1120 r/min 的转速上，此转速与 P1040 所设置的 20 Hz 频率对应。松开按钮 SB1，变频器数字端口"5"为 OFF，电动机按 P1121 所设置的 10 s 斜坡下降时间停止运行。

(3) 电动机反向运行。当按下自锁按钮 SB2 时，变频器数字端口"6"为 ON，电动机按 P1120 所设置的 10 s 斜坡上升时间反向启动，经过 10 s 后稳定运行在 1120 r/min 的转速上，此转速与 P1040 所设置的 20 Hz 频率对应；松开按钮 SB2，变频器数字端口"6"为 OFF，电动机按 P1121 所设置的 10 s 斜坡下降时间停止运行。

(4) 电动机的调速。更改 P1040 的值，按上述步骤操作就可以改变电动机的运行速度。

(5) 电动机实际转速测定。电动机运行过程中，实际速度会随负载的变化略有变化，如果要测电动机的实际速度，可以利用激光测速仪或者转速测试表直接测量电动机的实际转速。

## 五、能力测试

(1) 电动机正转运行控制，要求稳定运行频率为 40 Hz，端口 DIN3 设为正转控制。画出变频器的外部接线图，并进行参数设置、操作调试。

(2) 利用变频器外部端子实现电动机的点动功能，电动机加/减速时间为 4 s，端口 DIN3 设为正转控制，端口 DIN4 设为反转控制，并进行参数设置、操作调试。

## 六、考核及评价

成绩评分标准如表 2-2-9 所示。

表 2-2-9　成绩评分标准

| 序号 | 主要内容 | 考核要求 | 评分标准 | 分数 | 得分 |
|---|---|---|---|---|---|
| 1 | 电路设计 | 能根据项目要求设计电路 | (1) 设计电路不正确，每处扣 5 分；<br>(2) 画图不符合标准，每处扣 2 分 | 20分 | |
| 2 | 参数设置 | 能根据项目要求正确设置变频器参数 | (1) 参数设置错误，每处扣 5 分；<br>(2) 漏设参数，每处扣 5 分 | 30分 | |
| 3 | 接线 | 能正确使用工具及仪表，按照电路图准确地接线 | (1) 元件安装不符合要求，每处扣 2 分；<br>(2) 接线有违反电工手册相关规定的，每处扣 2 分 | 10分 | |
| 4 | 调试 | 能根据接线和参数设置，现场正确调试变频器的运行 | (1) 不会修改参数，每处扣 10 分；<br>(2) 不能正确调试变频器，每处扣 10 分 | 30分 | |
| 5 | 安全文明生产 | 参照相关的法规，确保人身和设备安全 | 违反安全文明生产规程，扣 5～10 分，发生重大事故取消成绩 | 10分 | |
| 备注 | | | 合计　　　　　　　　　　　　　　　100分 | | |
| | | | 教师签字：　　　　　　　　年　　月　　日 | | |

能力测试题解 1

能力测试题解 2

变频器知识

# 项目三 / 外接两地控制

## 一、学习目标

熟练利用西门子 MM440 变频器实现电动机的外接两地控制运行。

## 二、工作任务

(1) 掌握西门子 MM440 变频器参数的正确设置方法。
(2) 掌握西门子 MM440 变频器的模拟信号控制。
(3) 掌握西门子 MM440 变频器的运行操作过程。

外接两地控制

## 三、知识讲座

### 1. 模拟量输入端口

西门子 MM440 变频器有两对模拟量输入端口：AIN1+、AIN1- 和 AIN2+、AIN2-，即端口 3、4 和端口 10、11，如图 2-3-1 所示。模拟量的类型有电压量和电流量，可利用 I/O 板上的两个 DIP 开关(DIP1 和 DIP2)和参数 P0756 设定模拟量的类型，即选择电压为 10 V 的模拟量输入或电流为 20 mA 的模拟量输入，P0756 的设定(模拟量输入类型)必须同 I/O 板上的 DIP 开关(DIP1 和 DIP2)相匹配，并且双极电压输入仅能用于模拟量输入 1(ADC1)。

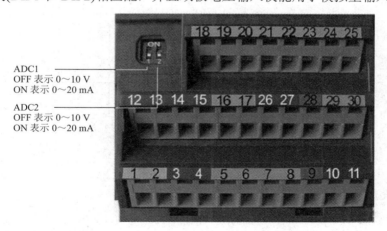

ADC1
OFF 表示 0～10 V
ON 表示 0～20 mA

ADC2
OFF 表示 0～10 V
ON 表示 0～20 mA

图 2-3-1　模拟量输入端子示意图

### 2. 参数 P0756 设定值

P0756 = 0，单极电压输入(0～10 V)。
P0756 = 1，单极电压输入带监控(0～10 V)。

P0756 = 2，单极电流输入(0～20 mA)。

P0756 = 3，单极电流输入带监控(0～20 mA)。

P0756 = 4，双极电压输入(–10～+10 V)，仅用于 ADC1。

MM440 变频器输出端 1、2 提供了一个高精度的 +10 V 直流稳压电源，如图 2-2-1 所示。在电路中串接一个转速调节电位器，调节转速电位器，输入端口 AIN1+ 给定的模拟电压发生改变，变频器的输出量紧跟给定量的变化，从而实现平滑无级调速。

## 四、任务实施

### 1. 控制方案设计

1) 电路图设计

外接两地控制电路图如图 2-3-2 所示。

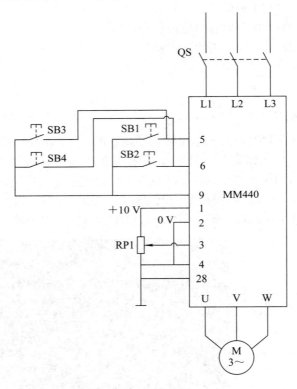

图 2-3-2　外接两地控制电路图

2) 参数设定

相关参数设定如下：

(1) 变频器恢复到工厂默认值状态。设定 P0010 = 30 和 P0970 = 1，按下 P 键，开始复位，复位过程大约为 3 min。

(2) 设定电动机参数。电动机选用 YS 系列电机，型号为 YS8012，其额定参数如下：

额定功率：0.75 kW。

额定电压：380V。

额定电流：1.75 A。

功率因数：0.82。

额定转速：2800 r/min。

额定频率：50 Hz。

额定转矩：2.4 N·m。

电动机参数设置同表 2-2-2。电动机参数设定完成后，设定 P0010=0，使变频器处于准备运行状态。

(3) 设定模拟输入端参数，如表 2-3-1 所示。

表 2-3-1　模拟输入端参数

| 参数号 | 出厂值 | 设置值 | 说　明 |
|---|---|---|---|
| P0003 | 1 | 1 | 设用户访问级为标准级 |
| P0004 | 0 | 7 | 访问命令和 I/O |
| P0700 | 2 | 2 | 命令源选择由端子排输入 |
| P0003 | 1 | 2 | 设用户访问级为扩展级 |
| P0004 | 0 | 7 | 访问命令和 I/O |
| P0701 | 1 | 1 | 数字输入端子 1 为 ON 时电动机正转接通，为 OFF 时停止 |
| P0702 | 1 | 2 | 数字输入端子 1 为 ON 时电动机反转接通，为 OFF 时停止 |
| P0003 | 1 | 1 | 设用户访问级为标准级 |
| P0004 | 0 | 10 | 访问设定值通道和斜坡函数发生器 |
| P1000 | 2 | 2 | 频率设定值：模拟输入 |
| P1080 | 0 | 0 | 设定电动机最低频率 |
| P1082 | 50 | 50 | 设定电动机最高频率 |

**2. 所需要的工具及设备**

(1) 工具为电工通用工具和通用型万用表。

(2) 所需主要设备如表 2-3-2 所示。

表 2-3-2　主　要　设　备

| 序号 | 名　　称 | 型号与规格 | 单位 | 数量 | 备　注 |
|---|---|---|---|---|---|
| 1 | 三相电源 | AC 3 × 380 / 220 V，20 A | 处 | 1 | |
| 2 | 单相交流电源 | AC 220 V 和 36 V，5 A | 处 | 1 | |
| 3 | 变频器 | 西门子 MM440 | 台 | 1 | |
| 4 | 三相笼型异步电动机 | YS8012 | 台 | 1 | 可根据实际情况选择相应电动机 |
| 5 | 交流接触器 | CJX1-9 | 个 | 1 | |
| 6 | 无熔丝断路器(NFB) | NFB-33S / NFB-32S，5 A | 个 | 1 | |
| 7 | 电位器 | 1 kΩ，2 W | 个 | 1 | |
| 8 | 三联按钮 | LA4-3H | 个 | 2 | |

### 3. 联机调试

(1) 按图 2-3-2 所示连接电路，检查电路正确无误后，合上主电源开关 QS。

(2) 电动机正向运行。SB1、SB2 和 SB3、SB4 分别为两组正反转控制按钮，按下 SB1 或 SB3 都能使电动机正转，变频器数字端子 5 为 ON，电动机正转运行。电动机的转速由外接电位器 RP1 来控制，模拟电压信号在 0～10 V 之间变化，对应的频率在 0～50 Hz 之间变化，对应的电动机的转速在 0～2800 r/min 之间变化。当松开 SB1 或 SB3 时，电动机停止运行。

(3) 电动机反向运行。当按下自锁按钮 SB2 或 SB4 时，变频器数字端子 6 为 ON，电动机反转运行，电动机的转速控制同正转一样；当松开 SB2 或 SB4 时，电动机停止运行。

## 五、能力测试

设计一电动机外接三地控制运行电路。

## 六、考核及评价

能力测试题解

成绩评分标准如表 2-3-3 所示。

表 2-3-3　成绩评分标准

| 序号 | 主要内容 | 考核要求 | 评分标准 | 分数 | 得分 |
|---|---|---|---|---|---|
| 1 | 电路设计 | 能根据项目要求设计电路 | (1) 设计电路不正确，每处扣 5 分；<br>(2) 画图不符合标准，每处扣 2 分 | 20 分 | |
| 2 | 参数设置 | 能根据项目要求正确设置变频器参数 | (1) 参数设置错误，每处扣 5 分；<br>(2) 漏设参数，每处扣 5 分 | 30 分 | |
| 3 | 接线 | 能正确使用工具及仪表，按照电路图准确地接线 | (1) 元件安装不符合要求，每处扣 2 分；<br>(2) 接线有违反电工手册相关规定的，每处扣 2 分 | 10 分 | |
| 4 | 调试 | 能根据接线和参数设置，现场正确调试变频器的运行 | (1) 不会修改参数，每处扣 10 分；<br>(2) 不能正确调试变频器，每处扣 10 分 | 30 分 | |
| 5 | 安全文明生产 | 参照相关的法规，确保人身和设备安全 | 违反安全文明生产规程，扣 5～10 分，发生重大事故取消成绩 | 10 分 | |
| 备注 | | | 合计 | 100 分 | |
| | | | 教师签字：　　　　　　　年　　月　　日 | | |

# 项目四 变频与工频切换控制

## 一、学习目标

熟练利用西门子 MM440 变频器实现变频与工频切换运行。

## 二、工作任务

(1) 掌握西门子变频器 MM440 工频运行控制方法。
(2) 掌握西门子变频器 MM440 工频运行与变频运行的切换方法。
(3) 掌握西门子变频器 MM440 的变频与工频切换参数设置方法。

变频与工频切换

## 三、知识讲座

在实际控制运行中，当变频器出现故障时或者因为某些特殊应用，需要把电动机切换到工频电源运行。如为了减少电机启动电流对电网的冲击和摆脱电网容量对电机启动的制约，有用户提出用变频器启动，升到 50 Hz 后切换至工频，再去启动其他电机。

本节以西门子变频器 MM440 为例进行讲解。MM440 变频器有频率到达设置功能，当设置的门限频率 $f\_1$ 的参数 P2155 = 50 Hz 时，即设定了变频器的比较频率为 50 Hz，然后根据比较结果驱动变频器输出继电器触点动作的参数 P0731。参数 P0731 的功能/状态见表 2-4-1。当设置 P0731 = 53.4，即变频器实际频率 r0021≥P2155 ($f\_1$)时，继电器 1 的常开触点 19、20 闭合，常闭触点 18、20 断开。实际设置门限频率 $f\_1$ 时，以 49 Hz 或 49.5 Hz 为宜。

表 2-4-1 参数 P0731 的功能/状态

| 参数值 | 意 义 |
|---|---|
| 52.0 | 变频器准备 |
| 52.1 | 变频器运行准备就绪 |
| 52.2 | 变频器正在运行 |
| 52.3 | 变频器故障 |
| 52.4 | OFF2 停车命令有效 |
| 52.5 | OFF3 停车命令有效 |
| 52.6 | 禁止合闸 |
| 52.7 | 变频器报警 |
| 52.8 | 设定值/实际值偏差过大 |
| 52.9 | PZD 控制(过程数据控制) |

续表

| 参数值 | 意　义 |
|---|---|
| 52.A | 已达到最大频率 |
| 52.B | 电动机电流极限报警 |
| 52.C | 电动机抱闸(MHB)投入 |
| 52.D | 电动机过载 |
| 52.E | 电动机正向运行 |
| 52.F | 变频器过载 |
| 53.0 | 直流注入制动投入 |
| 53.1 | 变频器实际频率 r0021 < P2167 (f_off) |
| 53.2 | 变频器实际频率 r0021 > P1080 (f_min) |
| 53.3 | 变频器实际电流 r0027≥P2170 |
| 53.4 | 变频器实际频率 r0021≥P2155 (f_1) |
| 53.5 | 变频器实际频率 r0021 < P2155 (f_1) |
| 53.6 | 变频器实际频率 r0021≥设定值 |
| 53.7 | 变频器实际的直流回路电压 r0026 < P2172 |
| 53.8 | 变频器实际的直流回路电压 r0026 > P2172 |
| 53.A | PID 控制器的输出 r2294 = P2292 (PID_min) |
| 53.B | PID 控制器的输出 r2294 = P2291 (PID_max) |

变频器和工频电源的切换有手动和自动两种方式,这两种切换方式都需要配加外电路。如果采用手动切换方式,则只需要在适当的时候由人工来完成,控制电路比较简单;如果采用自动切换方式,则除控制电路比较复杂外,还需要对变频器进行参数预置。

**1. 主电路**

电动机由变频运行切换成工频运行的主电路如图 2-4-1 所示。切换的基本过程有以下两步:

(1) 断开接触器 KM2,切断电动机与变频器之间的联系。

(2) 接通接触器 KM3,将电动机投入到工频电源上。

根据上述两个过程的先后顺序的不同,有两种切换方式,即"先投后切"和"先切后投"。先投后切的切换方式只能用在具有同步切换控制功能的变频器中,这种方式在中、高压变频器中得到了成功的应用。而现在低压变频器普遍采用的是两电平的主回路结构,正是这种主电路结构决定了其不能采用先投后切的切换方式,只能采用先切后投的切换方式。

当变频与工频切换时大多会遇到这样的情况:如果电动机由变频运行状态直接向工频切换,有时会产生特别大的冲击电流,能达到其直接启动电流的两倍,约为其额定电流的十四五倍,但有时却几乎没有冲击电流;而断开变频一段时间后再切换到工频时就不会出现太大的冲击电流,延迟的时间越长,出现的冲击电流的峰值就会越小。

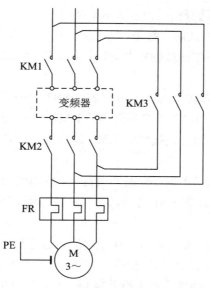

图 2-4-1　变频与工频切换主电路

## 2．控制电路

变频与工频切换控制电路如图 2-4-2 所示。

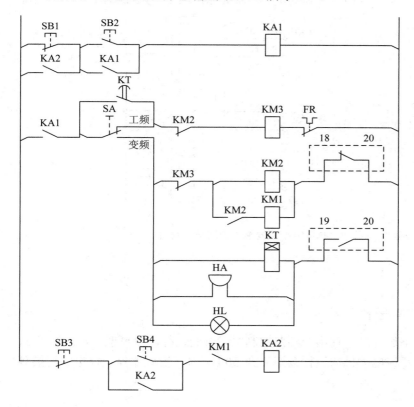

图 2-4-2　变频与工频切换控制电路

爱默生变频启动控制图

变频与工频运行方式的选择由三位开关 SA 控制。

当 SA 闭合至工频运行方式时，按下启动按钮 SB2，中间继电器 KA1 线圈得电，常开触点 KA1 闭合形成自锁，同时使接触器 KM3 线圈得电，KM3 主触点闭合，电动机进入工频运行状态。

当 SA 闭合至变频运行方式时，按下启动按钮 SB2，中间继电器 KA1 线圈得电，常开触点 KA1 闭合形成自锁，进而 KM2 线圈得电使 KM2 的主触点闭合，接触器 KM2 线圈得电的同时，KM2 的辅助触点闭合使接触器 KM1 线圈得电，KM1 主触点闭合将工频电源接入变频器的输入端。

按下 SB4，中间继电器 KA2 线圈得电形成自锁，电动机开始升速，进入变频运行状态。KA2 线圈得电并动作后，将按钮 SB1 短路，使其失去作用，防止直接通过切断变频器电源使电动机停止。

变频器在运行过程中，如果变频器出现过电流、过电压、欠电流、欠电压等故障而跳闸，则变频器中继电器 1 的端子"20"和端子"18"之间的常闭触点断开，使接触器 KM2 和 KM1 线圈失电，变频器和电源之间、电动机和变频器之间的连接均被切断；同时，变频器中继电器 1 的端子"19"和端子"18"之间的常开触点闭合，蜂鸣器 HA 和报警指示灯 HL 回路接通，进行声光报警。同时，时间继电器 KT 延时后闭合，使接触器 KM3 线圈得电，电动机进入工频运行状态。西门子 MM440 变频器继电器端子示意图如图 2-4-3 所示。

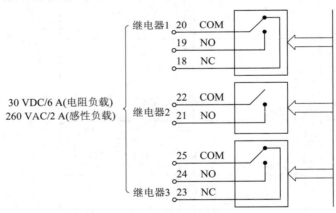

图 2-4-3　西门子 MM440 变频器继电器端子示意图

## 四、任务实施

### 1. 控制要求及控制方案设计

当电动机在 50 Hz 以下运行时，使用变频器控制电动机的运行，由模拟量输入端子 3、4 控制变频器的频率输出。当电动机的运行频率达到 50 Hz 时，变频器停止，电路切换到工频运行。

1) 主电路

变频与工频切换的主电路如图 2-4-4 所示。

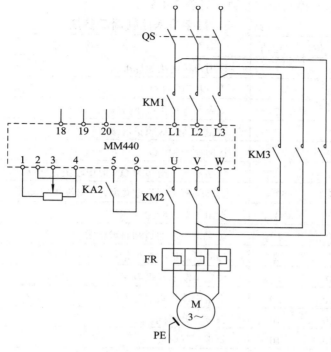

图 2-4-4　变频与工频切换主电路

**2) 参数设计**

相关参数设定如下：

(1) 变频器恢复到工厂默认值状态，设定 P0010 = 30 和 P0970 = 1，按下 P 键，开始复位，复位过程大约为 3 分钟。

(2) 设定电动机参数。

电动机选用 YS 系列电机，型号为 YS8012，其额定参数如下：

额定功率为 0.75 kW；额定电压为 380 V；额定电流为 1.75 A；功率因数为 0.82；额定转速为 2800 r/min，额定频率为 50 Hz；额定转矩为 2.4 N·m。

电动机参数设置见表 2-4-2。电动机参数设定完成后，设定 P0010 = 0，使变频器处于准备运行状态。

表 2-4-2　电动机参数设置

| 参数号 | 出厂值 | 设定值 | 说　　　明 |
|---|---|---|---|
| P0010 | 0 | 1 | 快速调试 |
| P0304 | 230 | 380 | 电动机额定电压(V) |
| P0305 | 3.25 | 1.75 | 电动机额定电流(A) |
| P0307 | 0.75 | 0.75 | 电动机额定功率(kW) |
| P0308 | 0 | 0.82 | 电动机额定功率因数($\cos\varphi$) |
| P0310 | 50 | 50 | 电动机额定频率(Hz) |
| P0311 | 0 | 2800 | 电动机额定转速(r/min) |

(3) 设定数字输入控制端口参数，见表 2-4-3。

**表 2-4-3　数字输入控制端口参数**

| 参数号 | 出厂值 | 设定值 | 说　明 |
|---|---|---|---|
| P0003 | 1 | 1 | 设用户访问级为标准级 |
| P0004 | 0 | 7 | 命令和数字 I/O |
| P0700 | 2 | 2 | 命令源选择由端子排输入 |
| P0003 | 1 | 2 | 设用户访问级为扩展级 |
| P0004 | 0 | 7 | 访问命令和 I/O |
| P0701 | 1 | 1 | 数字输入 1 端口为 ON 时电动机正转接通，为 OFF 时停止 |
| P0731 | 52.3 | 53.4 | 实际频率大于设定频率，1 号继电器动作 |
| P0003 | 1 | 1 | 设用户访问级为标准级 |
| P0004 | 0 | 10 | 访问设定值通道和斜坡函数发生器 |
| P1000 | 2 | 2 | 频率设定值：模拟量端子输入设定 |
| P1080 | 0 | 0 | 设定电动机最低频率 |
| P1082 | 50 | 50 | 设定电动机最高频率 |
| P1120 | 10 | 10 | 斜坡上升时间 |
| P1121 | 10 | 10 | 斜坡下降时间 |
| P0003 | 1 | 2 | 设用户访问级为扩展级 |
| P0004 | 0 | 21 | 报警警告和监控 |
| P2155 | 30 | 49 | 门限频率 $f\_1$ |

### 2. 所需要的工具及设备

(1) 所需工具为电工通用工具及通用型万用表。

(2) 所需主要设备见表 2-4-4。

PLC 与变频器通信问题

**表 2-4-4　主要设备清单**

| 序号 | 名　称 | 型号与规格 | 单位 | 数量 | 备　注 |
|---|---|---|---|---|---|
| 1 | 三相电源 | AC 3 × 380 / 220 V，20 A | 处 | 1 | |
| 2 | 单相交流电源 | AC 220 V 和 36 V，5 A | 处 | 1 | |
| 3 | 变频器 | 西门子 MM440 | 台 | 1 | |
| 4 | 三相笼型异步电动机 | YS8012 | 台 | 1 | 可根据实际情况选择相应电动机 |
| 5 | 交流接触器 | CJX1-9 | 个 | 1 | |
| 6 | 无熔丝断路器(NFB) | NFB-33S / NFB-32S,5A | 个 | 1 | |
| 7 | 电位器 | 1 kΩ，2 W | 个 | 1 | |
| 8 | 三联按钮 | LA4-3H | 个 | 2 | |

### 3. 联机调试

(1) 按图 2-4-2 和图 2-4-4 所示连接电路，检查电路正确无误后，合上主电源开关 QS。

(2) 当 SA 闭合至变频运行方式时，按下启动按钮 SB2，电动机运行由变频器控制，当达到 49 Hz 时，系统切换到工频运行。

## 五、能力测试

设计电动机变频与工频切换的运行控制电路，要求在变频运行到 46 Hz 时切换到工频运行。

## 六、考核及评价

考核标准见表 2-4-5。

### 表 2-4-5　考 核 标 准

| 序号 | 主要内容 | 考 核 要 求 | 评 分 标 准 | 分数 | 得分 |
|---|---|---|---|---|---|
| 1 | 电路设计 | 能根据项目要求设计电路 | (1) 设计电路不正确，每处扣 5 分；<br>(2) 画图不符合标准，每处扣 2 分 | 20 分 | |
| 2 | 参数设置 | 能根据项目要求正确设置变频器参数 | (1) 参数设置错误，每处扣 5 分；<br>(2) 漏设参数，每处扣 5 分 | 30 分 | |
| 3 | 接线 | 能正确使用工具及仪表，按照电路图准确地接线 | (1) 元件安装不符合要求，每处扣 2 分；<br>(2) 接线有违反电工手册相关规定的，每处扣 2 分 | 10 分 | |
| 4 | 调试 | 能根据接线和参数设置，现场正确调试变频器的运行 | (1) 不能完成整个控制系统的正确调试，每处扣 10 分；<br>(2) 不能正确调试变频器，每处扣 10 分 | 30 分 | |
| 5 | 安全文明生产 | 参照相关的法规，确保人身和设备安全 | 违反安全文明生产规程，扣 5~10 分；发生重大事故，取消成绩 | 10 分 | |
| 备注 | | | 合计 | 100 分 | |
| | | | 教师签字：　　年　月　日 | | |

能力测试题解

# 项目五　基于 PLC 的多段速控制

## 一、学习目标

熟练利用三菱 FR-S500 变频器实现电动机多段速频率控制。

## 二、工作任务

基于 PLC 的多段速控制

(1) 掌握三菱变频器 FR-S500 多段速频率控制方法。

(2) 掌握三菱变频器 FR-S500 基本参数的设置方法。

(3) 熟练掌握三菱变频器 FR-S500 的运行操作过程。

(4) 掌握基于 PLC 的多段速控制。

## 三、知识讲座

在生产过程中，根据生产工艺的要求，很多生产设备在不同的生产阶段需要不同的运行速度。为了实现这种控制要求，大多数变频器都有多段速控制功能，其转速挡的切换是通过外接开关器件改变其输入端的状态组合来实现的。

三菱变频器 FR-S500 外部端子 RH、RM、RL 是速度控制端子。通过这些端子的组合可以实现三段速、七段速控制。此外，对其他端子进行重新定义，还可以实现十五段速的控制。相关参数和设定分别见表 2-5-1 和表 2-5-2。

表 2-5-1　多段速相关参数

| 参数 | 显示 | 名　称 | 设定范围 | 最小设定单位 | 出厂时设定 |
|---|---|---|---|---|---|
| 4 | P4 | 3 速设定(高速) | 0～120 Hz | 0.1 Hz | 50 Hz |
| 5 | P5 | 3 速设定(中速) | 0～120 Hz | 0.1 Hz | 50 Hz |
| 6 | P6 | 3 速设定(低速) | 0～120 Hz | 0.1 Hz | 50 Hz |
| 30 | P30 | 扩张功能显示选择 | 0，1 | 1 | 0 |
| 24 | P24 | 多段速度设定(4 速) | 0～120 Hz | 0.1 Hz | — |
| 25 | P25 | 多段速度设定(5 速) | 0～120 Hz | 0.1 Hz | — |

续表

| 参数 | 显示 | 名 称 | 设定范围 | 最小设定单位 | 出厂时设定 |
|---|---|---|---|---|---|
| 26 | P26 | 多段速度设定(6 速) | 0～120 Hz | 0.1 Hz | — |
| 27 | P27 | 多段速度设定(7 速) | 0～120 Hz | 0.1 Hz | — |
| 60 | P60 | RL 端子功能选择 | 0 表示 RL，1 表示 RM，2 表示 RH，3 表示 RT，4 表示 AU，5 表示 STOP，6 表示 MRS，7 表示 OH，8 表示 REX，9 表示 JOG，10 表示 RES，14 表示 X14，16 表示 X16 | 1 | 0 |
| 61 | P61 | RM 端子功能选择 | | 1 | 1 |
| 62 | P62 | RH 端子功能选择 | | 1 | 2 |
| 80 | P80 | 多段速度设定(8 速) | 0～120 Hz | 0.1 Hz | — |
| 81 | P81 | 多段速度设定(9 速) | 0～120 Hz | 0.1 Hz | — |
| 82 | P82 | 多段速度设定(10 速) | 0～120 Hz | 0.1 Hz | — |
| 83 | P83 | 多段速度设定(11 速) | 0～120 Hz | 0.1 Hz | — |
| 84 | P84 | 多段速度设定(12 速) | 0～120 Hz | 0.1 Hz | — |
| 85 | P85 | 多段速度设定(13 速) | 0～120 Hz | 0.1 Hz | — |
| 86 | P86 | 多段速度设定(14 速) | 0～120 Hz | 0.1 Hz | — |
| 87 | P87 | 多段速度设定(15 速) | 0～120 Hz | 0.1 Hz | — |

表 2-5-2 多段速参数设定

| 速 度 | 端 子 输 入 | | | | 功能号 | 备 注 |
|---|---|---|---|---|---|---|
| | REX-SD | RH-SD | RM-SD | RL-SD | | |
| 1 速(高速) | OFF | ON | OFF | OFF | P4 | — |
| 2 速(中速) | OFF | OFF | ON | OFF | P5 | — |
| 3 速(低速) | OFF | OFF | OFF | ON | P6 | — |
| 4 速 | OFF | OFF | ON | ON | P24 | Pr.24 ="- -"时为 Pr.6 的设定值 |
| 5 速 | OFF | ON | OFF | ON | P25 | Pr.25 ="- -"时为 Pr.6 的设定值 |
| 6 速 | OFF | ON | ON | OFF | P26 | Pr.26 ="- -"时为 Pr.5 的设定值 |

| 速　度 | 端　子　输　入 | | | | 功能号 | 备　注 |
|---|---|---|---|---|---|---|
| | REX-SD | RH-SD | RM-SD | RL-SD | | |
| 7 速 | OFF | ON | ON | ON | P27 | Pr.27 = "- -" 时为 Pr.6 的设定值 |
| 8 速 | ON | OFF | OFF | OFF | P80 | Pr.80 = "- -" 时为 0Hz |
| 9 速 | ON | OFF | OFF | ON | P81 | Pr.81 = "- -" 时为 Pr.6 的设定值 |
| 10 速 | ON | OFF | ON | OFF | P82 | Pr.82 = "- -" 时为 Pr.5 的设定值 |
| 11 速 | ON | OFF | ON | ON | P83 | Pr.83 = "- -" 时为 Pr.6 的设定值 |
| 12 速 | ON | ON | OFF | OFF | P84 | Pr.84 = "- -" 时为 Pr.4 的设定值 |
| 13 速 | ON | ON | OFF | ON | P85 | Pr.85 = "- -" 时为 Pr.6 的设定值 |
| 14 速 | ON | ON | ON | OFF | P86 | Pr.86 = "- -" 时为 Pr.5 的设定值 |
| 15 速 | ON | ON | ON | ON | P87 | Pr.87 = "- -" 时为 Pr.6 的设定值 |
| 外部设定 | OFF | OFF | OFF | OFF | 频率设定器 | — |

### 1. 三段速运行

外部端子 RH、RM、RL 是变频器的三速控制端,控制电动机的转速。通过编写 PLC 程序控制输出信号,再由 PLC 输出信号分别控制变频器 RH、RM、RL 端子或通过开关直接控制这三个速度控制端的单独通断,就能相应实现电动机的高、中、低三速控制。三种速度的频率分别由参数 Pr.4、Pr.5、Pr.6 设定。

### 2. 七段速运行

由于转速挡位是按二进制的顺序排列的,通过控制变频器三个速度端的通断组合可以实现电动机的七段速运行。4~7 挡速度频率设定由参数 Pr.24~Pr.27 相应地进行设置,在前面三段速度的基础上再加四段共组成七段速。各速度端组合如表 2-5-3 和图 2-5-1 所示。

RM 和 RL 同时接通组成第四段速，RH 和 RL 同时接通组成第五段速，RH 和 RM 同时接通组成第六段速，RH、RM 和 RL 三个同时接通组成第七段速。多段速度在 PU 运行和外部运行中都可以设定，在三速设定的场合，两速以上同时被选择时，低速信号的设定频率优先，即 RL > RM > RH。如果与点动信号同时使用时，点动信号优先，频率设定的外部端子的优先顺序为点动 > 多段速运行 > AU(4 号端子) > 2 号端子。

表 2-5-3　七段速对应的参数号和端子

| 端子 | 挡 速 | | | | | | |
|---|---|---|---|---|---|---|---|
| | 1 | 2 | 3 | 4 | 5 | 6 | 7 |
| RH | 1 | 0 | 0 | 0 | 1 | 1 | 1 |
| RM | 0 | 1 | 0 | 1 | 0 | 1 | 1 |
| RL | 0 | 0 | 1 | 1 | 1 | 0 | 1 |
| 参数号 | Pr.4 | Pr.5 | Pr.6 | Pr.24 | Pr.25 | Pr.26 | Pr.27 |

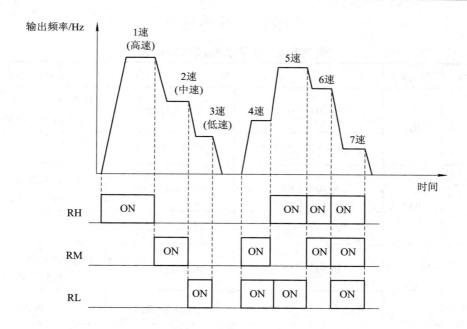

图 2-5-1　七段速运行图

### 3. 十五段速运行

通过控制 RH、RM、RL 和 REX 端子的通断组合就可以实现十五段速控制，见图 2-5-2。8～15 挡速度频率的参数由 Pr.232～Pr.239 相应地进行设置。如果变更 Pr.60～Pr.63 的端子分配，可能对其他功能有影响，请确认各端子的功能后再进行设定。端子 Pr.60～Pr.63 的功能见表 2-5-4。当需要十五段速运行时，将端子 Pr.60～Pr.63 的值设定为 8，接通 REX 信号，与 RH、RM、RL 组合成十五段速。使用 REX 信号时，用外部指令不能进行反转启动。

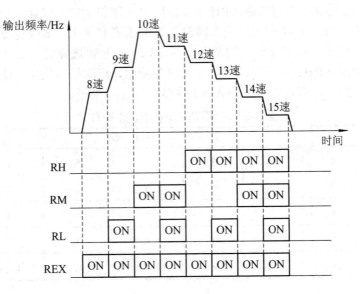

图 2-5-2　十五段速运行图

### 表 2-5-4　端子功能选择参数表

| 设定值 | 信号名 | 功　　能 | | 相关参数 |
|---|---|---|---|---|
| 0 | RL | Pr.59 = "0" | 低速运行指令 | Pr.4～Pr.6, Pr.24～Pr.27, Pr.80～Pr.87 |
| | | Pr.59 = "1" 或 "2" | 遥控设定(设定清零) | Pr.59 |
| 1 | RM | Pr.59 = "0" | 中速运行指令 | Pr.4～Pr.6, Pr.24～Pr.27, Pr.80～Pr.87 |
| | | Pr.59 = "1" 或 "2" | 遥控设定(减速) | Pr.59 |
| 2 | RH | Pr.59 = "0" | 高速运行指令 | Pr.4～Pr.6, Pr.24～Pr.27, Pr.80～Pr.87 |
| | | Pr.59 = "1" 或 "2" | 遥控设定(加速) | Pr.59 |
| 3 | RT | 第 2 功能选择 | | Pr.44～Pr.47 |
| 4 | AU | 输入电流选择 | | — |
| 5 | STOP | 启动自保持 | | — |
| 6 | MRS | 输出切断 | | — |
| 7 | OH | 外部热继电器输入。通过在外部设置的加热保护用的过电流保护继电器或者电机内置型的温度继电器等的动作停止变频器工作 | | — |

| 设定值 | 信号名 | 功　　能 | 相关参数 |
|---|---|---|---|
| 8 | REX | 15 速选择(同 RL、RM、RH 的 3 速组合) | Pr.4～Pr.6, Pr.24～Pr.27, Pr.80～Pr.87 |
| 9 | JOG | 点动运行 | Pr.15, Pr.16 |
| 10 | RES | 复位 | Pr.75 |
| 14 | X14 | PID 控制有无 | Pr.88～Pr.94 |
| 16 | X16 | PU 运行，外部运行 | Pr.79(设定值：8) |

# 四、任务实施

## (一) 七段速运行控制

### 1. 控制方案设计

1) 主电路

七段速运行控制电路如图 2-5-3 所示。

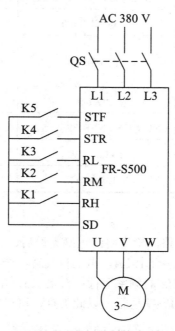

图 2-5-3　七段速运行控制电路

2) 参数设计

七段速频率设定见表 2-5-5，其他参数设置如下：

(1) 上限频率 Pr.1 = 50 Hz；

(2) 下限频率 Pr.2 = 0 Hz;

(3) 基底频率 Pr.3 = 50 Hz;

(4) 加速时间 Pr.7 = 2 s;

(5) 减速时间 Pr.8 = 2 s;

(6) 电子过电流保护 Pr.9 = 电动机的额定电流;

(7) 操作模式选择(组合)Pr.79 = 3。

表 2-5-5　七段速频率设定值

| 参 数 号 | Pr.4 | Pr.5 | Pr.6 | Pr.24 | Pr.25 | Pr.26 | Pr.27 |
|---|---|---|---|---|---|---|---|
| 设定值/Hz | 10 | 20 | 25 | 30 | 35 | 40 | 50 |

### 2. 所需要的工具及设备

(1) 所需工具为电工通用工具及通用型万用表。

(2) 所需主要设备见表 2-5-6。

表 2-5-6　主要设备清单

| 序号 | 名　　　称 | 型号与规格 | 单位 | 数量 | 备　　注 |
|---|---|---|---|---|---|
| 1 | 三相电源 | AC 3 × 380 / 220 V，20 A | 处 | 1 | |
| 2 | 单相交流电源 | AC 220 V 和 36 V，5 A | 处 | 1 | |
| 3 | 变频器 | 三菱 FR-S500 | 台 | 1 | |
| 4 | 三相笼型异步电动机 | Y100L1-4 | 台 | 1 | 可根据实际情况选择相应电动机 |
| 5 | 交流接触器 | CJX1-9 | 个 | 1 | |
| 6 | 无熔丝断路器(NFB) | NFB-33S / NFB-32S，5 A | 个 | 1 | |
| 7 | 电位器 | 1 kΩ，2 W | 个 | 1 | |
| 8 | 三联按钮 | LA4-3H | 个 | 2 | |

### 3. 联机调试

(1) 按图 2-5-3 所示连接电路，检查电路正确无误后，合上主电源开关 QS。

(2) 合上 K5，电动机正转;合上 K4，电动机反转。合上 K1，电动机以 10 Hz 的频率运行;合上 K2，电动机以 20 Hz 的频率运行;合上 K3，电动机以 25 Hz 的频率运行;合上 K2、K3，电动机以 30 Hz 的频率运行。以此类推，可以实现七速运行。

## (二) 设计一个基于 PLC 的多段速控制系统

### 1. 控制要求

用 PLC、变频器设计一个电动机的三速运行的控制系统。其控制要求如下:

　　按下启动按钮，电动机以 30 Hz 速度运行，5 s 后转为 45 Hz 速度运行，再过 5 s 后转为 20 Hz 速度运行；按下停止按钮，电动机即停止。

### 2. 控制方案设计

1) 控制电路

控制电路如图 2-5-4 所示。

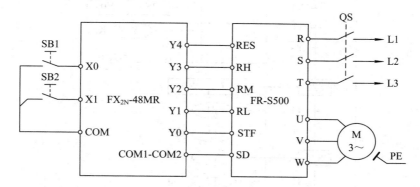

图 2-5-4　PLC 控制的三段速调速系统

2) 参数设计

(1) 上限频率 Pr.1 = 50 Hz;

(2) 下限频率 Pr.2 = 0 Hz;

(3) 基底频率 Pr.3 = 50 Hz;

(4) 加速时间 Pr.7 = 2 s;

(5) 减速时间 Pr.8 = 2 s;

(6) 电子过电流保护 Pr.9 = 电动机的额定电流;

(7) 操作模式选择(组合)Pr7.9 = 3;

(8) 多段速度设定(1 速)Pr.4 = 20 Hz;

(9) 多段速度设定(2 速)Pr.5 = 45 Hz;

(10) 多段速度设定(3 速)Pr.6 = 30 Hz。

3) PLC 的 I/O 分配

PLC 的 I/O 分配见表 2-5-7。

表 2-5-7　三速控制系统的 I/O 分配

| 输 入 | | | 输 出 | | |
|---|---|---|---|---|---|
| 输入元件 | 作用 | 输入继电器 | 输出元件 | 作用 | 输出继电器 |
| SB1 | 停止按钮 | X0 | STF | 电动机正转 | Y0 |
| SB2 | 启动按钮 | X1 | RL | 低速 | Y1 |
|  |  |  | RM | 中速 | Y2 |
|  |  |  | RH | 高速 | Y3 |
|  |  |  | RES | 复位 | Y4 |

4) 程序设计

程序设计框图如图 2-5-5 所示。

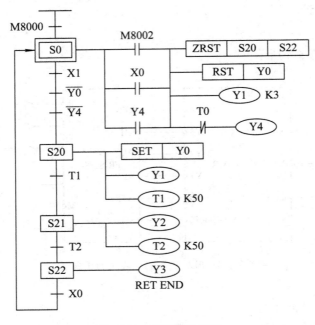

图 2-5-5　程序设计框图

### 3. 实训设备

所需的设备、工具及材料为:

(1) 所需工具为电工通用工具及通用型万用表。

(2) 所需主要设备见表 2-5-8。

表 2-5-8　主要设备清单

| 序号 | 名　称 | 型号与规格 | 单位 | 数量 | 备　注 |
|---|---|---|---|---|---|
| 1 | 三相电源 | AC 3 × 380 / 220 V, 20 A | 处 | 1 | |
| 2 | 单相交流电源 | AC 220 V 和 36 V, 5 A | 处 | 1 | |
| 3 | 变频器 | 三菱 FR-S500 | 台 | 1 | |
| 4 | 三相笼型异步电动机 | Y100L1-4 | 台 | 1 | 可根据实际情况选择相应电动机 |
| 5 | PLC | 三菱 FX$_{2N}$-48MR | 台 | 1 | 可根据实际情况选择相应 PLC |

### 4. 联机调试

(1) 按图 2-5-4 所示连接电路,检查电路正确无误后,合上主电源开关 QS。

(2) 按下启动按钮 SB2,电动机以 30 Hz 的速度正转,5 s 后电动机以 45 Hz 的速度运行,再过 5 s 后电动机以 20 Hz 的速度运行;按下停止按钮 SB1,电动机立即停止。

## 五、能力测试

(1) 设计一个控制电路，使电动机能实现十五段速运行。

(2) 设计一个 PLC 控制系统，实现电动机的七段速运行。

## 六、考核及评价

考核标准见表 2-5-9。

表 2-5-9　成绩评分标准

| 序号 | 主要内容 | 考核要求 | 评分标准 | 分数 | 得分 |
|---|---|---|---|---|---|
| 1 | 电路设计 | 能根据项目要求设计电路 | (1) 设计电路不正确，每处扣 5 分；<br>(2) 画图不符合标准，每处扣 2 分 | 20 分 | |
| 2 | 参数设置 | 能根据项目要求正确设置变频器参数 | (1) 参数设置错误，每处扣 5 分；<br>(2) 漏设参数，每处扣 5 分 | 30 分 | |
| 3 | 接线 | 能正确使用工具及仪表，按照电路图准确地接线 | (1) 元件安装不符合要求，每处扣 2 分；<br>(2) 接线有违反电工手册相关规定的，每处扣 2 分 | 10 分 | |
| 4 | 调试 | 能根据接线和参数设置，现场正确调试变频器的运行 | (1) 不能完成整个控制系统的正确调试，每处扣 10 分；<br>(2) 不能正确调试变频器，每处扣 10 分 | 30 分 | |
| 5 | 安全文明生产 | 参照相关的法规，确保人身和设备安全 | 违反安全文明生产规程，扣 5～10 分；发生重大事故，取消成绩 | 10 分 | |
| 备注 | | | 合计 | 100 分 | |
| | | | 教师签字：　　　　　年　　月　　日 | | |

能力测试题解 1

能力测试题解 2

# 项目六 变频器调速系统的闭环控制

## 一、学习目标

理解变频器调速系统的工作原理，实现简单的闭环调速控制。

## 二、工作任务

(1) 掌握简单闭环控制系统的设计方法。
(2) 掌握变频器调速系统的安装与调试方法。

变频器调速系统的闭环控制

## 三、知识讲座

### 1. 开环控制系统与闭环控制系统

1) 开环控制系统

开环控制系统是指不将控制的结果反馈回来影响当前控制的系统，又称无反馈控制系统。开环控制系统由控制器、执行器和被控对象组成，如图 2-6-1 所示。控制器通常具有功率放大的功能。同闭环控制系统相比，开环控制系统的结构要简单得多，同时也比较经济。开环控制系统主要用于增强型的系统。例如：一个加热控制系统，只管加热，不管温度是否达到或超过期望值，就是开环控制系统。

图 2-6-1　开环控制系统

在实际生活中，开环控制系统应用较多，如图 2-6-2～图 2-6-5 所示。

(1) 水泵抽水控制系统，如图 2-6-2 所示。

图 2-6-2　水泵抽水控制系统

(2) 家用窗帘自动控制系统，如图 2-6-3 所示。

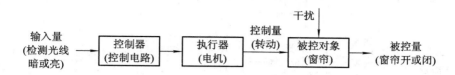

图 2-6-3　家用窗帘自动控制系统

(3) 自动门控制系统，如图 2-6-4 所示。

图 2-6-4　自动门控制系统

(4) 楼道自动声控灯装置，如图 2-6-5 所示。

图 2-6-5　楼道自动声控灯装置

2) 闭环控制系统

闭环控制系统也称反馈控制系统，是指将系统输出量的测量值与所期望的给定值相比较，由此产生一个偏差信号，利用此偏差信号进行调节控制，使输出值尽量接近于期望值的系统，如图 2-6-6 所示。例如：一个加热控制系统，通过温度传感器的温度反馈，控制加热的时间和功率，使温度达到期望值。

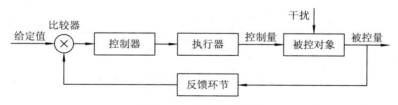

图 2-6-6　闭环控制系统

闭环控制系统在实际生产过程中应用广泛，图 2-6-7～图 2-6-10 所示的是一些典型应用框图。

(1) 家用压力锅工作原理，如图 2-6-7 所示。

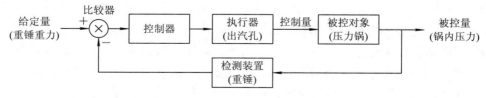

图 2-6-7　家用压力锅控制框图

(2) 供水水箱的水位自动控制系统，如图 2-6-8 所示。

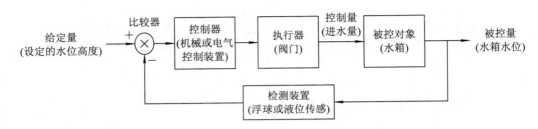

图 2-6-8　水位自动控制系统框图

(3) 加热炉的温度自动控制系统，如图 2-6-9 所示。

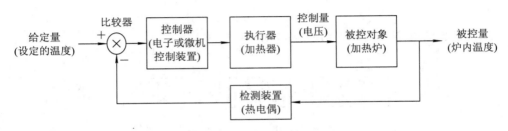

图 2-6-9　温度自动控制系统框图

(4) 粮库温、湿度自动控制系统，如图 2-6-10 所示。

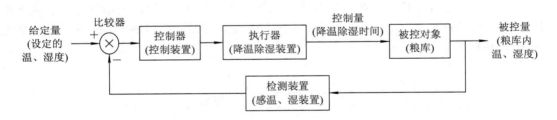

图 2-6-10　温、湿度自动控制系统框图

3) 开环控制系统与闭环控制系统的区别

开环控制系统与闭环控制系统的区别如下：

(1) 开环控制系统不能检测误差，也不能校正误差，控制精度和抑制干扰的性能都比较差，而且对系统参数的变动很敏感。闭环控制系统不管出于什么原因(外部扰动或系统内部变化)，只要被控量偏离规定值，就会产生相应的控制作用去消除偏差。因此，开环控制系统一般仅用于可以不考虑外界影响，或惯性小，或精度要求不高的一些场合。

(2) 开环控制系统没有检测设备，组成简单，但选用的元器件要严格保证质量要求。闭环控制系统具有抑制干扰的能力，对元件特性变化不敏感，并能改善系统的响应特性。

(3) 开环控制系统的稳定性比较容易解决。闭环控制系统中反馈回路的引入增加了系统的复杂性，而且增益选择不当时会引起系统的不稳定。为提高控制精度，在扰动变量可以测量时，同时也常采用按扰动的控制(即前馈控制)作为反馈控制的补充而构成复合控制系统。

## 四、任务实施

### 1. 控制要求

有一条饮料灌装生产线，如图 2-6-11 所示，传送带电动机功率为 3.7 kW。

按下启动按钮，电动机带动传送带低速向右运行。根据工艺要求，当传感器 1 检测到饮料瓶后，若传感器 2 在 12 s 内检测不到 12 个饮料瓶，则将速度调整为中速；若传感器 2 在 18 s 内还检测不到饮料瓶，则将速度调整为高速。低、中、高速对应的频率分别为 15 Hz、25 Hz、35 Hz。若传感器 2 在 1 min 内检测不到饮料瓶，则传送带停止工作。

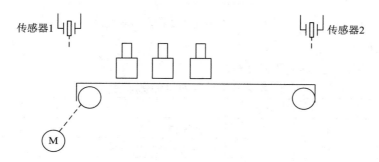

图 2-6-11　饮料灌装生产线

### 2. 变频器的选择

饮料灌装生产线的负载为恒转矩负载，电动机功率为 3.7 kW，4 极，全负载时的额定电流为 17.9 A。负载小于 10 kW 的三相交流电动机可以直接启动，启动时它的启动电流为额定电流的 3～7 倍，多极电动机要按电流额定值来选择变频器，因此可以按下面的公式选择变频器：

$$I_{CN} \geqslant \frac{I_K}{k_g}$$

式中：$I_{CN}$ 为变频器的额定电流；$I_K$ 为在额定电压、额定功率下电动机启动时的堵转电流；$k_g$ 为变频器的允许过载倍数，为 1.3～1.5。

因此，选择额定电流为 17 A，类型为恒转矩的变频器。在这个案例中，我们选择功率为 5.5 kW 的西门子 MM420 变频器。

### 3. 控制方案设计

1) 控制电路

控制电路如图 2-6-12 所示。

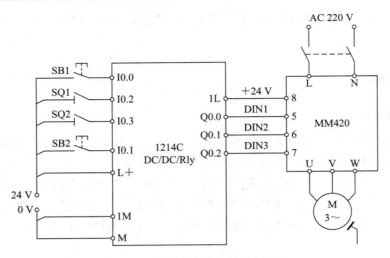

图 2-6-12  饮料灌装生产线控制电路

2) 参数设计

参数设计分别见表 2-6-1 和表 2-6-2。

表 2-6-1  电动机参数设置

| 参数号 | 出厂值 | 设定值 | 说　　明 |
|---|---|---|---|
| P0010 | 0 | 1 | 快速调试 |
| P0304 | 230 | 380 | 电动机额定电压(V) |
| P0305 | 3.25 | 17.9 | 电动机额定电流(A) |
| P0307 | 0.75 | 3.7 | 电动机额定功率(kW) |
| P0308 | 0 | 0.82 | 电动机额定功率因数($\cos\varphi$) |
| P0310 | 50 | 50 | 电动机额定频率(Hz) |

表 2-6-2  变频器参数设置

| 参数号 | 出厂值 | 设定值 | 说　　明 |
|---|---|---|---|
| P0003 | 1 | 1 | 设用户访问级为标准级 |
| P0700 | 2 | 2 | 命令源选择由端子排输入 |
| P0003 | 1 | 2 | 设用户访问级为扩展级 |
| P0004 | 0 | 7 | 访问命令和 I/O |
| P0701 | 1 | 17 | 选择固定频率 |
| P0702 | 1 | 17 | 选择固定频率 |
| P0703 | 1 | 17 | 选择固定频率 |
| P1001 | 0 | 15 | 固定频率 1 |
| P1002 | 5 | 25 | 固定频率 2 |
| P1003 | 10 | 35 | 固定频率 3 |
| P1120 | 10 | 10 | 斜坡上升时间 |
| P1121 | 10 | 10 | 斜坡下降时间 |

3) PLC 选择及 I/O 分配

根据控制可知，输入信号有启动、停止、检测传感器 1、检测传感器 2。变频器的频率调整是通过控制 DIN1～DIN3 端子的组合状态来实现的。根据控制信号数量分析，本案例选择西门子 S7-1200，CPU 1214C DC/DC/Rly 的 PLC，I/O 分配见表 2-6-3。

表 2-6-3　PLC I/O 分配表

| 输 入 | | | 输 出 | | |
|---|---|---|---|---|---|
| 输入元件 | 作用 | 输入继电器 | 输出元件 | 作用 | 输出继电器 |
| SB1 | 启动按钮 | I0.0 | 变频器端子 DIN1 | 低速 | Q0.0 |
| SB2 | 停止按钮 | I0.1 | 变频器端子 DIN2 | 中速 | Q0.1 |
| 传感器 1 | 检测信号 | I0.2 | 变频器端子 DIN3 | 高速 | Q0.2 |
| 传感器 2 | 检测信号 | I0.3 | | | |

4) 程序设计

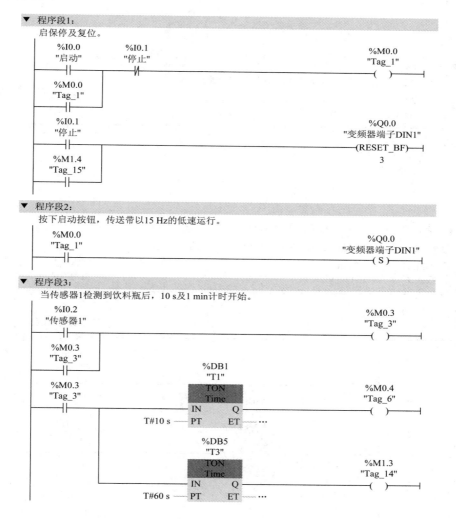

▼ 程序段4:

传感器2检测到瓶子时开始计数。

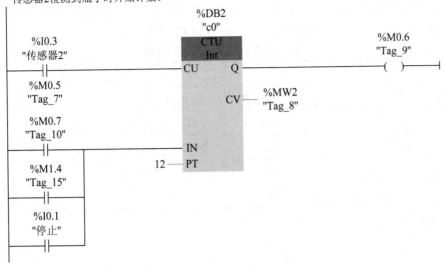

▼ 程序段5:

传感器2在10 s内或15 s内检测到12个饮料瓶，计数器c0复位。

▼ 程序段6:

传感器2在10 s内未检测到12个饮料瓶，传送带以25 Hz的中速运行。

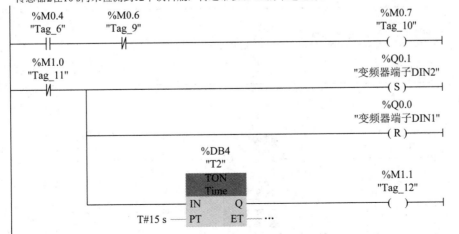

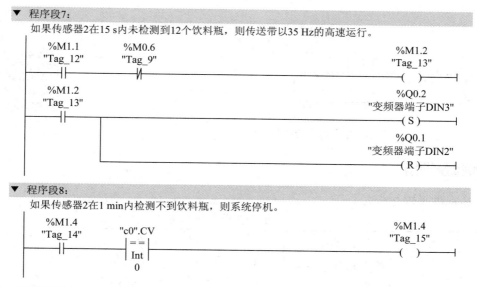

▼ 程序段7：

如果传感器2在15 s内未检测到12个饮料瓶，则传送带以35 Hz的高速运行。

▼ 程序段8：

如果传感器2在1 min内检测不到饮料瓶，则系统停机。

#### 4. 所需要的工具和设备

(1) 所需工具为电工通用工具及通用型万用表。

(2) 所需主要设备见表2-6-4。

表2-6-4　主要设备清单

| 序号 | 名　称 | 型号与规格 | 单位 | 数量 | 备　注 |
|---|---|---|---|---|---|
| 1 | 三相电源 | AC 3 × 380 / 220 V，20 A | 处 | 1 | |
| 2 | 单相交流电源 | AC 220 V 和 36 V，5 A | 处 | 1 | |
| 3 | 变频器 | 西门子 MM420 | 台 | 1 | |
| 4 | 三相笼型异步电动机 | Y100L1-4 | 台 | 1 | 可根据实际情况选择相应电动机 |
| 5 | PLC | 西门子 S7-1200 CPU 1214C DC/DC/DC | 台 | 1 | |

#### 5. 联机调试

(1) 按图 2-6-12 所示连接电路，检查电路正确无误后，合上主电源开关。

(2) 将 PLC 置于"RUN"状态，并将变频器的操作模式设置为"EXT"外部操作。

(3) 观察系统运行情况，确定系统运行是否与设计要求相符，若不符合，则检查程序与参数设置。

## 五、能力测试

由电机带动传送带启停，按下启动按钮，传送带开始向右运行，工件通过产品检测器PH 检测到信号，每检测到 5 个产品，机械手动作 1 次，机械手动作后，延时 2 s，机械手电磁铁切断，重新开始下一次计数，如图 2-6-13 所示。

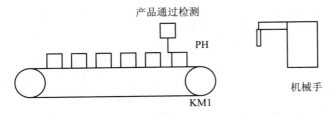

图 2-6-13　传送带控制系统

能力测试题解

## 六、考核及评价

考核标准见表 2-6-5。

表 2-6-5　成绩评分标准

| 序号 | 主要内容 | 考核要求 | 评　分　标　准 | 分数 | 得分 |
|---|---|---|---|---|---|
| 1 | 电路设计 | 能根据项目要求设计电路 | (1) 设计电路不正确,每处扣 5 分;<br>(2) 画图不符合标准,每处扣 2 分 | 20 分 | |
| 2 | 参数设置 | 能根据项目要求正确设置变频器参数 | (1) 参数设置错误,每处扣 5 分;<br>(2) 漏设参数,每处扣 5 分 | 30 分 | |
| 3 | 接线 | 能正确使用工具及仪表,按照电路图准确地接线 | (1) 元件安装不符合要求,每处扣 2 分;<br>(2) 接线有违反电工手册相关规定的,每处扣 2 分 | 10 分 | |
| 4 | 调试 | 能根据接线和参数设置,现场正确调试变频器的运行 | (1) 不能完成整个控制系统的正确调试,每处扣 10 分;<br>(2) 不能正确调试变频器,每处扣 10 分 | 30 分 | |
| 5 | 安全文明生产 | 参照相关的法规,确保人身和设备安全 | 违反安全文明生产规程,扣 5~10 分;发生重大事故,取消成绩 | 10 分 | |
| 备注 | | | 合计　　　　　　　　　　　　　　　100 分<br><br>教师签字:　　　年　　　月　　　日 | | |

# 项目七　西门子 G120 变频器的控制与应用

## 一、学习目标

(1) 掌握 G120 变频器的工作原理。

(2) 掌握 G120 变频器的面板操作方法。

(3) 掌握 G120 变频器与 S7-1200 通过 PROFINET 进行通信的设置方法。

(4) 掌握 S7-1200 通过端子控制方式控制 G120 变频器的操作方法。

## 二、工作任务

(1) G120 变频器通过面板控制电动机的正反转并进行调速。

(2) G120 变频器通过 PROFINET 通信控制电动机正反转并进行调速，以及通过 PZD 过程通道读取 G120 变频器的状态及转速。

(3) S7-1200 通过端子控制 G120 变频器以实现电动机的正反转并进行调速(数字方式)。

(4) 通过触摸屏控制 G120 变频器以实现电动机启停及调速。

(5) S7-1200 通过端子控制 G120 变频器以实现电动机的正反转并进行调速(模拟方式)。

## 三、知识讲座

### 1. G120 变频器简介

西门子 G120 变频器由控制单元(Control Unit)和功率模块(Power Module)组成。控制单元用来控制并监测与其连接的电动机。控制单元有很多类型，可以通过不同的现场总线(如 MODBUS-RTU、PROFIBUS-DP、PROFINET 和 DEVICENET 等)与上层控制器(PLC)进行通信。功率模块用于为电动机和控制单元提供电能，实现电能的整流与逆变，其铭牌上有额定电压、额定电流等参数。G120 变频器的功率模块和控制单元外观如图 2-7-1 所示。

G120 变频器的控制单元包括 CU230 系列、CU240 系列和 CU250 系列，本项目中我们选用的变频器控制单元的型号为 CU250S-2PN。下面以 CU250S-2PN 为例，介绍一下控制单元的命名规则。

- CU：Control Unit 的缩写，表示"控制单元"。

- 250：表示系列号。

- S：表示高级型。其他的还有 E、B、T、P，E 表示经济型，B 表示基本型，T 表示工艺型，P 表示风机水泵型。

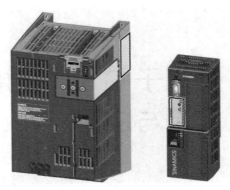

(a) 功率模块　　　(b) 控制单元

图 2-7-1　G120 变频器的功率模块和控制单元

· 2：表示 SINAMICS 开发平台。若名称中没有"2"，则表示 MicroMaster 开发平台。

· PN：支持 PROFINET 总线。其他通信类型包括 HVAC(USS、MODBUS-RTU)、DP(PROFIBUS-DP 总线)、IP(Ethernet-IP 协议)、DEV(DEVICENET 总线)、CAN(CANopen 协议)。

如果控制单元集成了故障安全功能，则会在名称后面加上"F"，如 CU250S-2PN-F。

### 2．G120 变频器的基本操作

G120 变频器的控制单元上可以安装两种不同的操作面板：BOP(Basic Operator Panel，基本操作面板)和 IOP(Intelligent Operator Panel，智能操作面板)。

BOP 上方有一块小液晶显示屏，用来显示相关参数、诊断数据等信息；下方有自动/手动和确认/退出等按钮，可用来设置变频器参数，并进行简单的功能测试。BOP-2 操作面板的外观如图 2-7-2(a)所示。

IOP 上的液晶显示屏比 BOP 的大，采用文本和图形相结合的显示方式，界面提供参数设置、调试向导、诊断及上传/下载等功能，有利于直观操作和诊断变频器。IOP 可以直接卡紧在变频器上，或者作为手持单元通过一根电缆与变频器连接，通过面板上的手动/自动按钮及菜单导航按钮进行功能选择，操作起来更加直观，简单方便。IOP-2 的外观如图 2-7-2(b)所示。

(a) BOP-2 操作面板　　　　(b) IOP-2 操作面板

图 2-7-2 BOP-2 和 IOP-2 操作面板的外观

本项目中采用的操作面板是 BOP-2。下面简单介绍一下该操作面板的使用方法。

将 BOP-2 安装在控制单元上，给变频器通电后，面板液晶显示屏点亮，上面会显示变频器的一些状态、参数等信息，如图 2-7-3 所示。

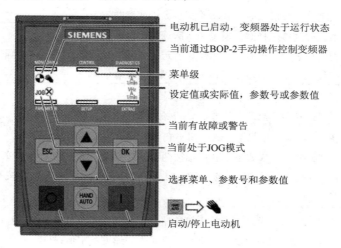

电动机已启动，变频器处于运行状态
当前通过BOP-2手动操作控制变频器
菜单级
设定值或实际值，参数号或参数值
当前有故障或警告
当前处于JOG模式
选择菜单、参数号和参数值
启动/停止电动机

图 2-7-3 BOP-2 面板功能说明

BOP-2 上各图标的含义如表 2-7-1 所示。

**表 2-7-1 BOP-2 图标含义**

| 图 标 | 功 能 | 状 态 | 含 义 |
|---|---|---|---|
| (手) | 控制源 | 手动模式 | "HAND"模式下会显示，"AUTO"模式下不显示 |
| (状态) | 变频器状态 | 运行状态 | 表示变频器处于运行状态 |
| JOG | "JOG"功能 | 点动功能 | |
| ⊗ | 故障和报警 | 静止表示报警 | 故障状态下闪烁，变频器会自动停止，静止表示变频器处于报警状态 |
| | | 闪烁表示故障 | |

BOP-2 上各按钮的功能描述如表 2-7-2 所示。

**表 2-7-2 BOP-2 的按钮功能描述**

| 按 钮 | 功 能 描 述 |
|---|---|
| ESC | (1) 若按该按钮 2 s 以下，表示返回上一级菜单，或表示不保存所修改的参数值；<br>(2) 若按该按钮 3 s 以上，将返回监控画面。<br>注意，在参数修改模式下，此按钮表示不保存所修改的参数值，除非之前已经按 OK |
| ▲ | (1) 当进行菜单选择时，表示返回上一级的画面；<br>(2) 当进行参数修改时，表示改变参数号或参数值；<br>(3) 在"HAND"模式、点动运行方式下，长时间同时按 ▲ 和 ▼ 可以实现以下功能：<br>① 若在正向运行状态下，则将切换为反向运行状态；<br>② 若在反向运行状态下，则将切换到正向运行状态 |

续表

| 按钮 | 功 能 描 述 |
|---|---|
| ▼ | (1) 当进行菜单选择时，表示进入下一级的画面；<br>(2) 当进行参数修改时，表示改变参数号或参数值 |
| OK | (1) 当进行菜单选择时，表示确认所选的菜单项；<br>(2) 当进行参数选择时，表示确认所选的参数和其值的设置，并返回上一级画面；<br>(3) 在故障诊断画面，使用该按钮可以清除故障信息 |
| Ｉ | (1) 在"AUTO"模式下，该按钮不起作用；<br>(2) 在"HAND"模式下，表示启动/点动命令 |
| ○ | (1) 在"AUTO"模式下，该按钮不起作用；<br>(2) 在"HAND"模式下，若连续按两次，将采用"OFF2"模式停车，即自由停车；<br>(3) 在"HAND"模式下若按一次，将采用"OFF1"模式停车，即按 P1121 的斜坡下降时间停车 |
| HAND AUTO | (1) 在"HAND"模式下，按下该按钮，切换到"AUTO"模式。若自动模式的启动命令在，则变频器自动切换到"AUTO"模式下的速度给定值；<br>(2) 在"AUTO"模式下，按下该按钮，切换到"HAND"模式。此时速度设定值保持不变，在电动机运行期间可以实现"HAND"和"AUTO"模式的切换 |

### 3．G120 变频器的 PROFINET 通信

G120 变频器的控制单元 CU250S-2PN 支持基于 PROFINET 的周期过程数据交换和变频器参数访问。

1) 周期过程数据交换

PROFINET IO 控制器可以将控制字和主给定值等过程数据周期性地发送至变频器，并从变频器周期性地读取状态字和实际转速等过程数据。

2) 变频器参数访问

G120 变频器的控制单元给 PROFINET IO 控制器提供访问变频器参数的接口。访问变频器的参数有两种方式：

(1) 周期性通信的 PKW 通道：通过 PKW 通道，PROFINET IO 控制器可以读写变频器参数，每次只能读或写一个参数，PKW 通道的长度固定为 4 个字。

(2) 非周期性通信：PROFINET IO 控制器通过非周期通信访问变频器数据记录区，每次可以读或写多个参数。

### 4．G120 变频器的端子控制

G120 变频器的端子和现场总线接口的功能可以设置，用端子控制的方式可实现对变频器的控制。为了避免逐一地修改端子，可通过设置参数 P0015(驱动设备宏指令)同时对多个端子进行设置。

例如，通过 PLC1200 数字输出端子控制 G120 变频器工作于宏程序 1 模式——双方向两线制控制两个固定转速，宏程序 1 的端子定义如图 2-7-4 所示。

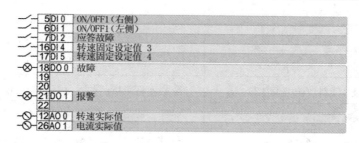

图 2-7-4　宏程序 1 的端子定义

转速固定设定值 3 通过 P1003 设定，转速固定设定值 4 通过 P1004 设定，r1024 表示转速固定设定值，通过设定 P1070 = r1024，可将转速固定设定值作为主设定值。当 DI 4 和 DI 5 为高电平时，变频器将两个转速固定设定值相加。

例如，通过 PLC1200 数字输出端子控制 G120 变频器工作于宏程序 12 模式——端子启动模拟量调速，宏程序 12 的端子定义如图 2-7-5 所示。

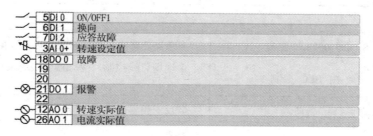

图 2-7-5　宏程序 12 的端子定义

下面介绍端子控制字。

打开 G120 变频器主要参数表，找到参数 P0054(控制字)，可以看到该控制字有 16 位，每一位的定义如表 2-7-3 所示。

表 2-7-3　控制字的说明

| 位 | 含义 | | 说　明 |
|---|---|---|---|
| | 报文 20 | 其他报文 | |
| 0 | 0 = OFF1 | | 电动机按斜坡函数发生器的减速时间参数 P1121 制动，达到静态后变频器会关闭电动机 |
| | 0 → 1 = ON | | 变频器进入"运行就绪"状态。另外位 3 为 1 时，变频器接通电动机 |
| 1 | 0 = OFF2 | | 电动机立即关闭，惯性停车 |
| | 1 = OFF2 不生效 | | 可以接通电动机(ON 指令) |
| 2 | 0 = 快速停机(OFF3) | | 快速停机：电动机按 OFF3 模式的减速时间参数 P1135 制动，直到达到静态 |
| | 1 = 快速停机无效(OFF3) | | 可以接通电动机(ON 指令) |
| 3 | 0 = 禁止运行 | | 立即关闭电动机(脉冲封锁) |
| | 1 = 使能运行 | | 接通电动机(脉冲使能) |

续表

| 位 | 含　义 | | 说　明 |
|---|---|---|---|
| | 报文 20 | 其他报文 | |
| 4 | 0 = 封锁斜坡函数发生器 | | 变频器将斜坡函数发生器的输出设为 0 |
| | 1 = 不封锁斜坡函数发生器 | | 允许斜坡函数发生器使能 |
| 5 | 0 = 停止斜坡函数发生器 | | 斜坡函数发生器的输出保持在当前值 |
| | 1 = 使能斜坡函数发生器 | | 斜坡函数发生器的输出跟踪设定值 |
| 6 | 0 = 封锁设定值 | | 电动机按斜坡函数发生器减速时间参数 P1121 制动 |
| | 1 = 使能设定值 | | 电动机按加速时间参数 P1120 升高到速度设定值 |
| 7 | 0 → 1 = 应答故障 | | 应答故障。如果仍存在 ON 指令，则变频器进入"接通禁止"状态 |
| 8, 9 | 预留 | | |
| 10 | 0 = 不由 PLC 控制 | | 变频器忽略来自现场总线的过程数据 |
| | 1 = 由 PLC 控制 | | 由现场总线控制，变频器会采用来自现场总线的过程数据 |
| 11 | 1 = 换向 | | 取反变频器内的设定值 |
| 12 | 未使用 | | |
| 13 | * | 1 = 升高电动电位器的值 | 升高保存在电动电位器中的设定值 |
| 14 | * | 1 = 降低电动电位器的值 | 降低保存在电动电位器中的设定值 |
| 15 | CDS 位 0 | 预留 | 在不同的操作接口设置(指令数据组)之间切换 |

*表示从其他报文切换到报文 20 时，前一个报文的定义保持不变。

根据控制字的位定义，我们不难得到，如果想让电动机启动，第 15 位至第 00 位的状态将如图 2-7-6 所示。

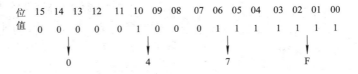

位　15  14  13  12  11  10  09  08  07  06  05  04  03  02  01  00
值　 0   0   0   0   0   1   0   0   0   1   1   1   1   1   1   1
　　　　　↓　　　　　　　↓　　　　　　↓　　　　　　　　↓
　　　　　0　　　　　　　4　　　　　　7　　　　　　　　F

图 2-7-6　变频器启动信号 047F

因此，在标准报文 1 下，电动机启动的控制字为"047F"，其他的控制字以此类推。此报文类型下，PLC 发送给变频器的过程数据分别为"控制字 1""转速设定值"。变频器发送至 PLC 的过程数据分别为"状态字 1""转速实际值"。

### 5. 变频器的参数设置

本项目涉及的变频器参数说明及参数设定值如表 2-7-4 所示。

表 2-7-4　变频器参数设置

| 参数号 | 功　能 | 默认值(可设定) | 说　明 |
|---|---|---|---|
| P0100 | 选择电动机标准 IEC/NEMA | 0 | 0：欧洲—[kW]。<br>1：北美—[hp]。<br>2：北美—[kW] |
| P0300 | 选择电动机类型 | 1 | 1：异步电动机。<br>2：同步电动机 |
| P0304 | 设定电动机额定电压 | 380 V | 设定范围为 0～20 000 V。可参考电动机铭牌上的参数值进行设定 |
| P0305 | 设定电动机额定电流 | 参考电动机铭牌 | 设定范围为 0.01～10 000 A。对于同步电动机，电动机电流的最大设定值为变频器最大电流的两倍；对于异步电动机，电动机电流的最大设定值为变频器最大电流 |
| P0307 | 设定电动机额定功率 | 参考电动机铭牌 | 设定范围为 0.01～100 000 kW，出厂设置为 0 kW，本参数的缺省值取决于变频器的型号和额定数据 |
| P0310 | 设定电动机额定频率 | 50 Hz | 设定范围为 0～650 Hz，出厂设置为 0 Hz |
| P0311 | 设定电动机额定转速 | 参考电动机铭牌 | 设定范围为 0～210 000 r/min，出厂设置为 0 r/min |
| P1080 | 设定电动机最小转速 | 0 r/min | 设定范围为 0～19 500 r/min，出厂设置为 0 r/min |
| P1082 | 设定电动机最大转速 | 1300 r/min | 设定范围为 0～210 000 r/min，出厂设置为 1500 r/min |
| P1120 | 设定斜坡函数发生器斜坡上升时间 | 10.0 s | 设定范围为 0～999 999 s，出厂设置为 10.00 s |
| P1121 | 设定斜坡函数发生器斜坡下降时间 | 10.0 s | 设定范围为 0～999 999 s，出厂设置为 10.00 s |
| P1900 | 设定电动机数据检测及旋转检测方式 | 0 | 设定范围为 0～3，11～12。<br>0：功能禁用。<br>1：电动机数据检测和转速控制优化。<br>2：电动机数据检测(静止状态)。<br>3：转速控制优化(旋转运行)。<br>11：电动机数据检测和转速控制优化，完成指令后切换到运行状态。<br>12：电动机数据检测(静止状态)，完成指令后切换到运行状态 |

## 四、任务实施

### (一) 任务一：G120 变频器通过操作面板控制电动机的正反转并进行调速

#### 1. 任务要求

使用操作面板控制电动机的正反转并进行调速。

#### 2. 任务分析

变频器的功率模块和控制单元安装好以后，将 BOP-2 操作面板插入控制单元，然后给变频器接入三相电源，通过操作面板设置相关参数，即可实现用操作面板控制电动机的正反转并进行调速。

#### 3. 控制系统设计

面板控制的系统接线图如图 2-7-7 所示。

#### 4. 所需要的工具及设备

(1) 工具为电工通用工具和通用型万用表。
(2) 所需主要设备见表 2-7-5。

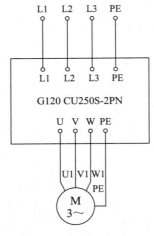

图 2-7-7　系统接线图(面板控制)

表 2-7-5　主要设备清单

| 序号 | 名　称 | 型号与规格 | 单位 | 数量 | 备　注 |
|---|---|---|---|---|---|
| 1 | 三相交流异步电动机 | YS8012 | 台 | 1 | 可根据实际情况选择电动机 |
| 2 | PLC | 西门子 S7-1200 CPU 1214C DC/DC/Rly | 台 | 1 | 可根据实际情况选择继电器输出型 PLC |
| 3 | G120 变频器 | 控制单元为 CU250S-2PN，功率模块为 PM-240 | 台 | 1 | |

#### 5. 联机调试

首先将变频器的功率模块安装在电气柜中，然后将控制单元安装在功率模块上，并将 BOP-2 操作面板插入控制单元的卡槽，听到"咔嚓"一声，即表示 BOP-2 操作面板已经安装好，最后给变频器的输入端子接入三相电，PE 端接地，变频器输出端子接到电动机的 U1、V1、W1 端子，PE 端接地。

BOP-2 操作面板安装完成后，开始进行系统调试，主要有以下步骤。

(1) 将变频器恢复至出厂设置。将选择光标调整至"EXTRAS"选项，如图 2-7-8(a)所示，然后按"OK"按钮，如图 2-7-8(b)所示，即可将变频器恢复至出厂设置。

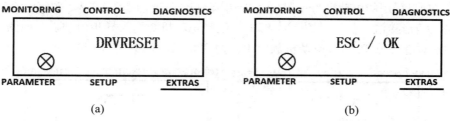

(a)                  (b)

图 2-7-8 恢复出厂设置

(2) 在参数设置菜单下，设置变频器参数显示级别为 "EXPERT"，如图 2-7-9(a)所示；并将 P1300 设置为 "0" (V/f 控制方式)，如图 2-7-9(b)所示。

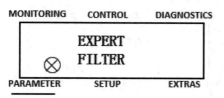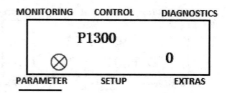

(a) 设置参数显示级别               (b) 设置 V/f 控制方式

图 2-7-9 变频器参数设置

(3) 设置相关参数。进入 "SETUP" 菜单，选择重置所有参数，如图 2-7-10 所示。

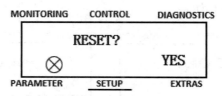

图 2-7-10 重置参数设置

(4) 进入 P100 参数，选择 "EUR" 标准，频率为 50 Hz，如图 2-7-11 所示；并设置输入电压为 380 V，如图 2-7-12 所示。

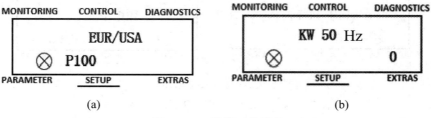

(a)                  (b)

图 2-7-11 设置工作频率

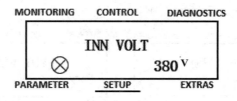

图 2-7-12 设置输入电压

(5) 本项目采用的电动机为三相交流异步电动机，额定功率为 60 W，额定电流为 0.66 A，采用的是三角形接法。首先设置参数 P300，选择电动机类型为异步电动机，如图 2-7-13(a) 所示；然后设置参数 P304，电动机额定电压为 380 V，如图 2-7-13(b)所示。

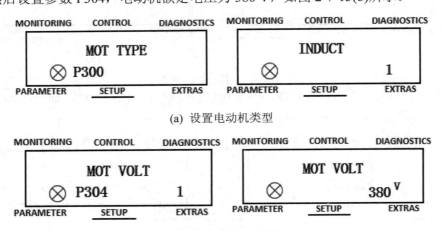

(a) 设置电动机类型

(b) 设置电动机额定电压

图 2-7-13 设置电动机类型和额定电压

(6) 设置参数 P305，额定电流为 0.66 A，如图 2-7-14(a)所示。设置参数 P307，额定功率为 0.06 kW，如图 2-7-14(b)所示。

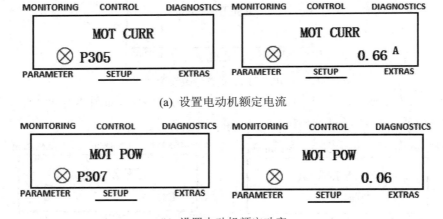

(a) 设置电动机额定电流

(b) 设置电动机额定功率

图 2-7-14 设置电动机额定电流和额定功率

(7) 设置参数 P310，电动机频率为 50.00 Hz，如图 2-7-15(a)所示。设置参数 P311，额定转速为 1400 r/min，如图 2-7-15(b)所示。

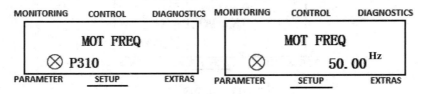

(a) 设置电动机频率

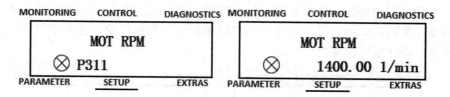

(b) 设置额定转速

图 2-7-15　设置电动机频率和额定转速

(8) 设置参数 P1080，最小转速为 0，如图 2-7-16(a)所示。设置参数 P1082，最大转速为 1300 r/min，如图 2-7-16(b)所示。

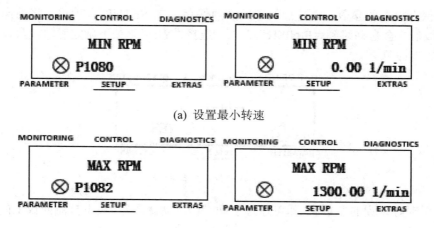

(a) 设置最小转速

(b) 设置最大转速

图 2-7-16　设置最小转速和最大转速

(9) 设置参数 P1120 和 P1121，加速时间(P1120)和减速时间(P1121)均为 10 s，如图 2-7-17(a)、(b)所示。

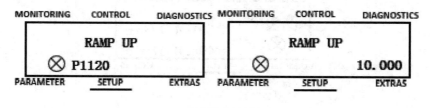

(a) 设置加速时间

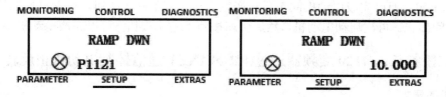

(b) 设置减速时间

图 2-7-17　设置加速时间和减速时间

(10) 设置参数 P1900，"MOT ID"为 OFF(0)，关闭电动机数据检测功能，如图 2-7-18 所示。需要注意的是，如果此处打开电动机静态或动态数据检测，变频器可能会报错，报错后需要手动清除报警记录。

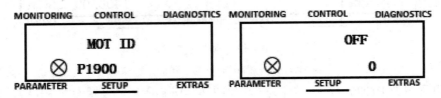

图 2-7-18　关闭电动机数据检测

(11) 保存设置的参数。设置后的参数必须保存，在 SETUP 选项里，将前面的参数全部设置完成后，会自动跳到"FINISH"选项，选择"YES"，按下确定键，参数设置保存成功，如图 2-7-19 所示。

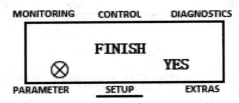

图 2-7-19　保存参数设置

(12) 保存好设置的参数后，即可通过手动操作启动变频器。按下控制面板上的 HAND AUTO 按钮，屏幕上会出现一个手形图标，切换到"CONTROL"菜单，然后按下 I，启动电动机，听到变频器发出小蜂鸣声后，按住 ▲，增加电动机转速，此时观察电动机，即可发现电动机已经在设置的转速下转动起来，如图 2-7-20 所示。

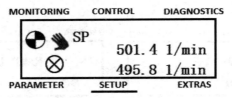

图 2-7-20　手动启动变频器

(13) 手动增加转速至设定的额定转速，即 1400 r/min，然后减少转速到负的额定转速，即 -1400 r/min，即可完成电动机的正反转变频启动。按下停止按钮，电动机按照设定的斜坡下降时间停止。再次启动电动机，然后快速按两下停止按钮，可以完成电动机快速停止。

## (二) 任务二：G120 变频器通过 PROFINET 通信控制电动机正反转及调速

### 1. 任务要求

通过 PROFINET 通信方式，使变频器控制电动机的正反转并进行调速，并通过 PZD 过程通道读取 G120 变频器的状态及转速。

### 2. 任务分析

将 G120 变频器和 S7-1200 PLC 接入同一个以太网，使变频器通过 PROFINET 通信的方式控制电动机的正反转并进行调速，通过 PZD 过程通道读取 G120 变频器的状态及转速，变频器选择"标准报文 1，PZD-2/2"的通信协议，根据该报文中变频器的常见控制字对变频器进行 PROFINET 通信控制。

### 3. 控制方案设计

**1) 电路图设计**

系统接线图如图 2-7-21 所示。

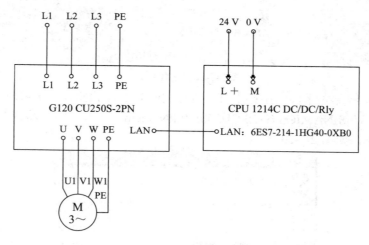

图 2-7-21 系统接线图(PROFINET 总线)

**2) 参数设计**

变频器数据分配表如表 2-7-6 所示。

表 2-7-6 数据分配表

| 输 入 | | 输 出 | | 中间变量 | |
|---|---|---|---|---|---|
| 地址 | 作用 | 地址 | 作用 | 地址 | 作用 |
| IW 68 | 变频器状态字 | QW 64 | 变频器控制字 | MW 100 | 设置变频器控制字 |
| IW 70 | 实际转速 | QW 66 | 设定转速 | MW 102 | 设置电动机转速 |
| | | | | MW 104 | 读取变频器状态字 |
| | | | | MW 106 | 读取电动机转速 |

**3) PLC 程序设计**

(1) 设备组态。

① 打开博途 V16 软件，新建项目，添加型号为"1214C DC/DC/Rly"的 CPU。CPU 固件版本可根据硬件实际情况选择，这里我们用的是 V4.2，如图 2-7-22 所示。

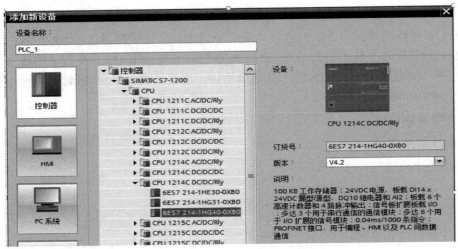

图 2-7-22　新建项目

② 切换到网络视图，在硬件目录下，找到 PROFINET IO→Drives→SIEMENS AG→SINAMICS→SINAMICS G120 CU250S-2 PN Vector V4.7，双击，将变频器的控制单元添加至设备组态，如图 2-7-23 所示。

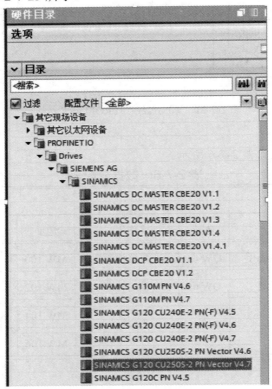

图 2-7-23　添加控制单元

③ 点击变频器上的"未分配"蓝色字样，在下拉列表中选择 PLC_1.PROFINET 接口 _1，完成与 PLC 的网络连接，如图 2-7-24 所示。

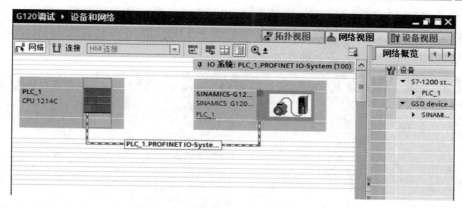

图 2-7-24　变频器与 PLC 的网络连接

④ 双击变频器模块，在硬件目录中找到"子模块"的下拉列表下的"标准报文 1，PZD-2/2"，通过双击将报文添加至设备组态中，然后在"设备概览"中查看报文对应的输入、输出地址。这里可以看到输入地址 I 为 68…71，输出地址 Q 为 64…67。报文的选择及其输入、输出地址的查看如图 2-7-25(a)、(b)所示。

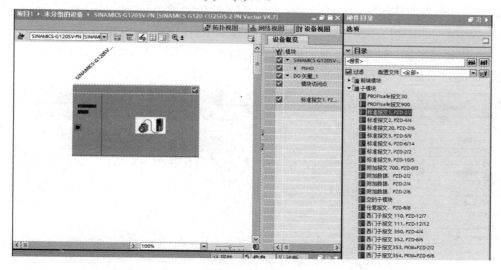

(a) 选择报文

| | 模块 | … | 机架 | 插槽 | I地址 | Q地址 | 类型 | 订货号 | 固件 |
|---|---|---|---|---|---|---|---|---|---|
| ☑ | ▼ SINAMICS-G120SV-PN | | 0 | 0 | | | SINAMICS G120 CU… | 6SL3 246-0BA22-1FAx | V4.70 |
| ☑ | ▶ PN-IO | | 0 | 0 X150 | | | SINAMICS-G120SV-… | | |
| ☑ | ▼ DO 矢量_1 | | 0 | 1 | | | DO 矢量 | | |
| ☑ | 模块访问点 | | 0 | 1 1 | | | 模块访问点 | | |
| | | | 0 | 1 2 | | | | | |
| ☑ | 标准报文 1, PZD-2/2 | | 0 | 1 3 | 68…71 | 64…67 | 标准报文 1, PZD-2/2 | | |
| | | | 0 | 1 4 | | | | | |

(b) 查看输入、输出地址

图 2-7-25　报文的选择及其输入、输出地址的查看

⑤ 组态 S7-1200 PLC 和 G120 变频器的 PROFINET 设备名称并分配 IP 地址。

点击 S7-1200 PLC 上的网络端口，将 PLC 的 PROFINET 设备名称改为 plc1200，IP 地址分配为 192.168.0.1，如图 2-7-26 所示。

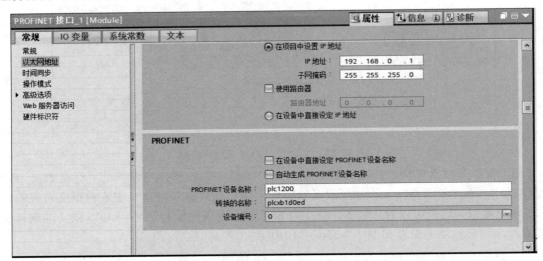

图 2-7-26  PLC 的 PROFINET 设备名称和 IP 地址的分配

双击变频器图标，选中变频器的网络接口图标，将变频器的 PROFINET 设备名称改为 G120，IP 地址分配为 192.168.0.2(与 PLC 在同一个网段)，如图 2-7-27 所示。

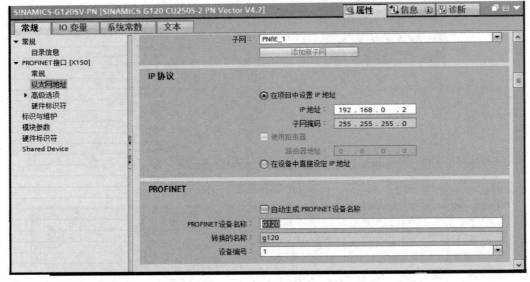

图 2-7-27  变频器的 PROFINET 设备名称和 IP 地址的分配

⑥ 编译下载程序。

⑦ 在"在线访问"菜单下，找到"g120 [192.168.0.2]"，然后点击"在线并诊断"，在"功能"下拉列表中点击"命名"，将 PROFINET 设备名称改为 g120，点击"分配名称"，如图 2-7-28 所示。在"分配 IP 地址"菜单下，设置 IP 地址为 192.168.0.2，点击"分配 IP 地址"。

图 2-7-28　分配设备名称和 IP 地址

⑧ 在"在线访问"菜单下，点击"g120 [192.168.0.2]"，再点击"参数"，切换到参数视图；然后打开左边列表的"通讯"，在其下拉列表中选择"配置"，将右侧参数值进行修改，如图 2-7-29(a)、(b)所示。

(a) 变频器参数列表

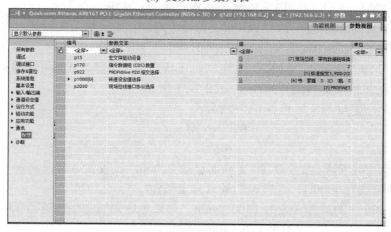

(b) 变频器"通讯"参数列表

图 2-7-29　变频器"通讯"参数

(2) 变量定义。

在主程序中，我们将中间变量"MW100"和"MW102"分别传送至变频器输出地址"QW64"和"QW66"中，将变频器的输入地址"IW68"和"IW70"分别传送至中间变量"MW104"和"MW106"中。然后在程序的监控与强制表中，对变频器的输出值"MW100"和"MW102"进行数据赋值以控制电动机的启停、转向和转速，并观察变频器的输入值"MW104"和"MW106"的变化情况。

(3) 程序设计。

在主程序中，添加如下主程序，如图2-7-30所示。

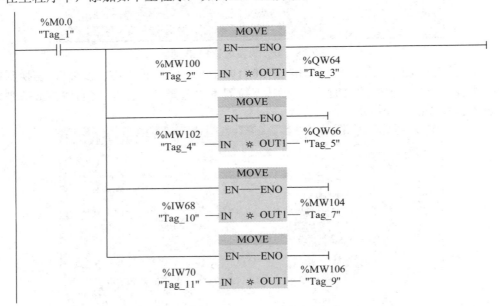

图 2-7-30 主程序

### 4．系统调试

添加一个"监控表"，添加中间变量M0.0(布尔型)、MW100(十六进制)、MW102(无符号十进制)、MW104(十六进制)和MW106(无符号十进制)。如果是通电后第一次启动变频器，则先将MW100赋值为"047E"，复位变频器，然后再给MW100输入"047F"(电动机启动控制字)，给MW102输入"8192"，则电动机正转启动。观察MW104(变频器的状态参数)和MW106(电动机的实际转速)的值，如图2-7-31所示。

设定值(显示值)$M$与实际值$N$的关系为

$$N = \frac{P200x \times M}{16384} \qquad 十进制$$

其中，$P200x$为参考变量(参考G120变频器参数P2000，设置参考转速和参考频率，16384对应的十六进制数为4000H，是转速的最大设定值)。

例如：P2000中的参考转速为1400 r/min，如果想达到的实际转速为350 r/min，那么需要输入的设定值$M = 350 \times 16384 \div 1400 = 4096$。

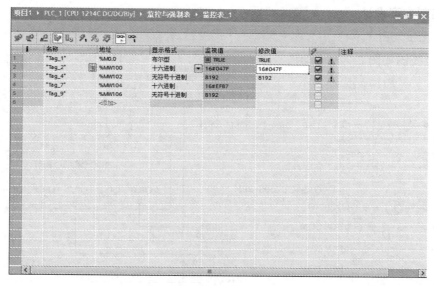

图 2-7-31　通过监控表控制变频器启动

## (三) 任务三：S7–1200 通过端子控制 G120 变频器以实现电动机正反转及调速(数字方式)

### 1. 任务要求

将 PLC 的输出端子(数字量输出和模拟量输出)连接至变频器，使变频器控制电动机的正反转并进行调速。

### 2. 任务分析

将 S7-1200 PLC 的输出端子接至 G120 变频器的数字输入端，通过 PLC 输出高低电平模拟实际端子控制。通过设置参数 P0015，使用控制单元的宏程序 1(数字方式)来控制三相电动机的启动、停止并进行调速。

### 3. 所需要的主要设备

选用西门子 S7-1200 系列中的 CPU 1214C DC/DC/Rly，G120 变频器的控制单元为CU250S-2PN，功率模块为 PM-240，主要设备清单如表 2-7-7 所示。

表 2-7-7　主要设备清单

| 序号 | 名 称 | 型号与规格 | 单位 | 数量 | 备 注 |
|---|---|---|---|---|---|
| 1 | 三相交流异步电动机 | YS8012 | 台 | 1 | 可根据实际情况选择电动机 |
| 2 | PLC | 西门子 S7-1200 CPU 1214C DC/DC/Rly | 台 | 1 | 可根据实际情况选择继电器输出型 PLC |
| 3 | G120 变频器 | 控制单元为 CU250S-2PN，功率模块为 PM-240 | 台 | 1 | 变频器与 PLC 通过 PROFINET 总线进行通信 |
| 4 | 10 kΩ 电位器 | 手动旋钮电位器 | 个 | 1 | |

### 4．控制方案设计

1) 系统接线图

系统接线图如图 2-7-32 所示。

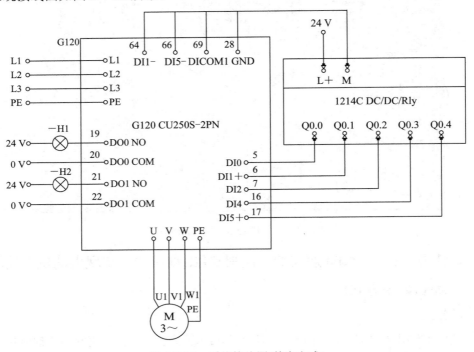

图 2-7-32　系统接线图(数字方式)

2) I/O 地址分配

I/O 地址分配见表 2-7-8。

#### 表 2-7-8　I/O 分配表

| S7-1200 PLC | | | | G120 变频器 | | | |
|---|---|---|---|---|---|---|---|
| 输　入 | | 输　出 | | 输　入 | | 输　出 | |
| 地址 | 作用 | 地址 | 作　用 | 地址 | 作　用 | 地址 | 作　用 |
| | | Q0.0 | 控制正向启动 | DI0 | 正向启动 | DO0 COM | DO0 公共端 |
| | | Q0.1 | 控制反向启动 | DI1+ | 反向启动 | DO0 NO | 故障灯 |
| | | Q0.2 | 故障复位 | DI2 | 故障复位 | DO1 COM | DO1 公共端 |
| | | Q0.3 | 控制固定转速 1 | DI4 | 固定转速 1 | DO1 NO | 报警灯 |
| | | Q0.4 | 控制固定转速 2 | DI5+ | 固定转速 2 | | |
| | | | | DI1− | DI 1+的参考电位端 | | |
| | | | | DI5− | DI 5+的参考电位端 | | |

3) PLC 程序设计

(1) 设备组态。

首先通过 BOP-2 操作面板进行参数设置。

① 在"PARAMETER"菜单下,将参数 P10 设置为 1,打开快速调试,然后将参数 P15 设置为 1,将端子设置为宏程序 1 模式,再将 P10 设置回 0,进入准备就绪状态,如图 2-7-33 所示。

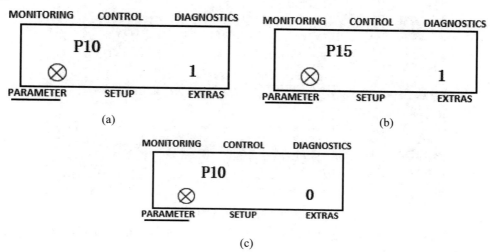

图 2-7-33　设置宏程序

② 在"PARAMETER"菜单下,将参数 P1003 设置为 500(P1003 用来设定固定转速 1,此处也可以设置为其他数值,只要在电动机的额定转速范围内即可),将 P1004 设置为 300(P1004 用来设定固定转速 2,此处也可以设置成其他数值,只要在电动机的额定转速范围内即可),如图 2-7-34 所示。

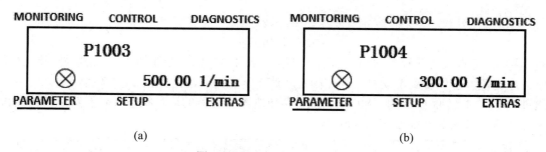

图 2-7-34　设置两个固定转速

参数设置完成后,即可通过 PLC 输出端子对 G120 变频器进行控制。

(2) 变量定义。

S7-1200 PLC 的输出端子 Q0.0 用来控制变频器输入端子 DI0(正向启动),Q0.1 用来控制变频器输入端子 DI1+(反向启动),Q0.2 用来控制变频器输入端子 DI2(故障复位),Q0.3 用来控制变频器输入端子 DI4(固定转速 1),Q0.4 用来控制变频器输入端子 DI5+(固定转速 2)。通过程序可以控制 PLC 输出端子的高低电平状态,从而控制变频器输入端子的高低电平状态。变频器的输出端子 DO0 NO 接 24 V 故障灯,输出端子 DO1 NO 接 24 V 报警灯。

(3) 程序设计。

① 新建一个项目。

② 添加 1214C DC/DC/Rly 型号的 CPU，如图 2-7-35 所示。

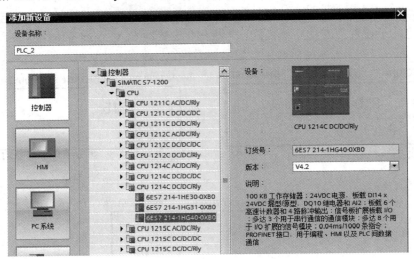

图 2-7-35　添加 CPU

③ 在"监控与强制表"菜单下新建一个监控表，并输入 Q0.0、Q0.1、Q0.2、Q0.3、Q0.4，如图 2-7-36 所示。

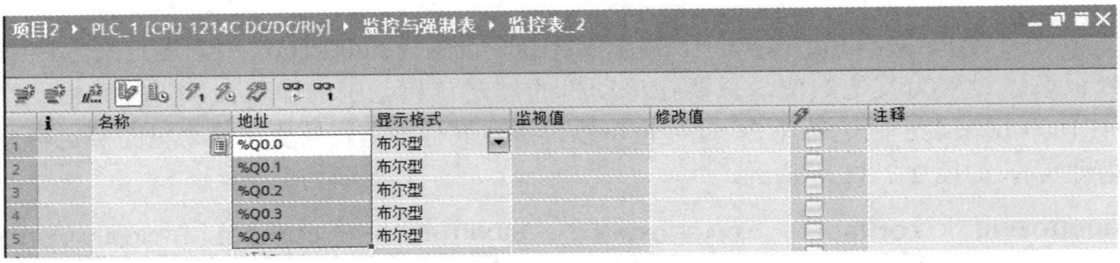

图 2-7-36　添加新的监控表

④ 将正向启动信号"Q0.0"和固定转速 1 信号"Q0.3"强制为"1"，然后打开监视，修改选定值，可以看到电动机已经在固定转速 1 下正向转动，如图 2-7-37 所示。此时可以通过 BOP-2 操作面板上的"MONITOR"菜单观察变频器的运行状态，看看实际转速是否为刚才通过参数 P1003 设置的 500 r/min。

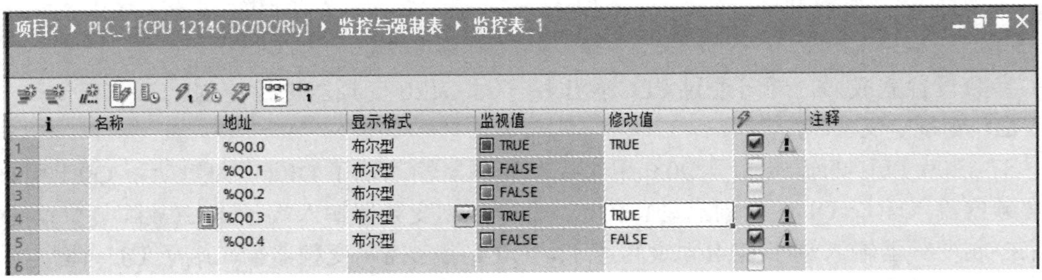

图 2-7-37　通过监控表控制电动机正向启动

⑤ 将反向启动信号"Q0.1"和固定转速 2 信号"Q0.4"强制为"1"，然后打开监视，

修改选定值，可以看到电动机已经在固定转速 2 下反向转动，如图 2-7-38 所示。此时，可以通过 BOP-2 操作面板上的"MONITOR"菜单观察变频器的运行状态，看看实际转速是否为刚才通过参数 P1004 设置的 300 r/min。

图 2-7-38　通过监控表控制电动机反向启动

## 五、项目拓展

### (一) 通过触摸屏来控制 G120 变频器以实现电动机启停及调速

#### 1. 任务要求及分析

在上述任务二的基础上，加入型号为 KTP700 的西门子触摸屏，在触摸屏上设置四个按钮，分别是启停(正转)、反转、加速、减速，用来控制变频器。

#### 2. 任务实施

(1) 硬件组态。

① 在对 PLC 和变频器组态完成后，添加触摸屏至设备组态，并选择 PLC 连接，如图 2-7-39(a)、(b)所示。

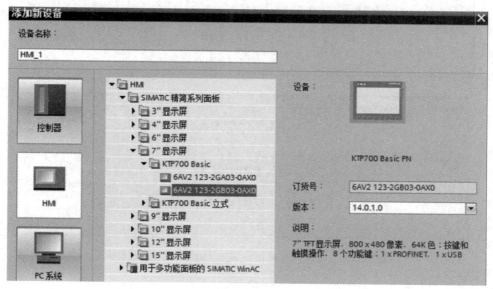

(a) 添加触摸屏

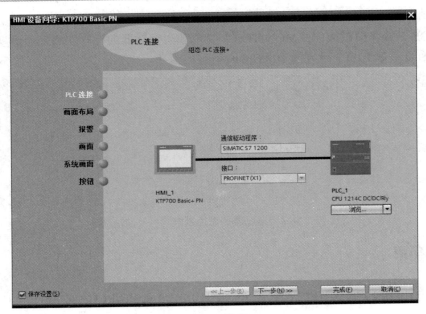

(b) PLC 连接

图 2-7-39　触摸屏组态

② 设置触摸屏 IP 地址为 192.168.0.3，PROFINET 设备名称为 hmi_1，如图 2-7-40 所示。

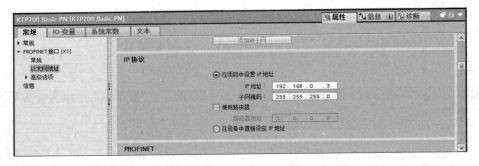

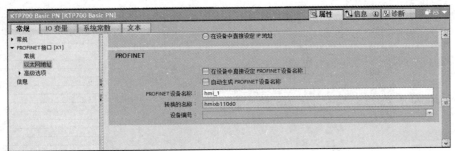

图 2-7-40　设置触摸屏 IP 地址和 PROFINET 设备名称

(2) 程序设计。

① 程序段 1 可实现 PLC 和 G120 变频器之间的数据传输，如图 2-7-41 所示。

MOVE
EN
ENO
%MW100
"设置变频器控制字"
IN
OUT1
%QW64
"变频器控制字"
MOVE
EN
ENO
%MW102
"设置电动机速度"
IN
OUT1
%QW66
"转速设定值"
MOVE
EN
ENO
%IW68
"变频器状态字"
IN
OUT1
%MW104
"读取变频器状态字"
MOVE
EN
ENO
%IW70
"转速实际值"
IN
OUT1
%MW106
"读取电动机转速"

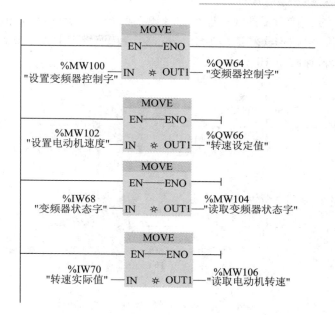

图 2-7-41　程序段 1(实现数据传输)

② 程序段 2 可实现变频器的复位，“FirstScan”指上电后接通一次，用于在 PLC 启动后将变频器复位，按下停止按钮 M0.0 时，变频器将复位。如图 2-7-42 所示。

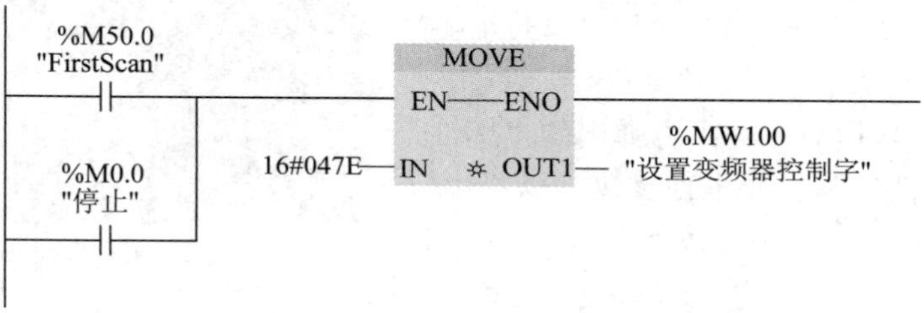

%M50.0
"FirstScan"
%M0.0
"停止"
MOVE
EN
ENO
16#047E
IN
OUT1
%MW100
"设置变频器控制字"

图 2-7-42　程序段 2(变频器复位)

③ 程序段 3 可实现变频器的正反转控制，如图 2-7-43 所示。当按下正转启停按钮 M0.1 时，向变频器发送“16#047F”(正转启动命令)，电动机正转启动；按下停止按钮，电机停止运行；当按下反转启动按钮 M0.2，向变频器发送“16#0C7F”(反向启动命令)。

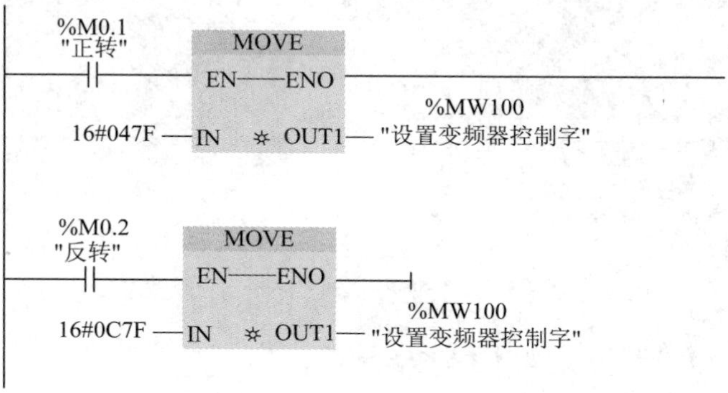

%M0.1
"正转"
MOVE
EN
ENO
16#047F
IN
OUT1
%MW100
"设置变频器控制字"
%M0.2
"反转"
MOVE
EN
ENO
16#0C7F
IN
OUT1
%MW100
"设置变频器控制字"

图 2-7-43　程序段 3(实现电动机的正反转控制)

④ 程序段4可实现变频器的速度控制,如图2-7-44所示。若转速设定值小于16 384 r/min,当按下加速按钮时,每按一次转速增加10 r/min;若转速设定值大于0 r/min,当按下减速按钮时,每按一次转速减小10 r/min。

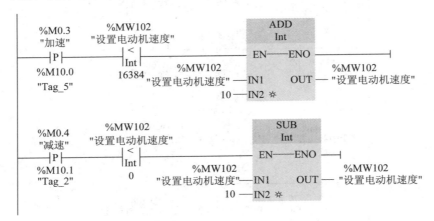

图 2-7-44　程序段 4(实现电动机加速和减速)

⑤ 编辑 HMI 界面。添加按钮后双击,进行显示文本的修改和变量的连接,以控制 PLC 变量,进而对 G120 变频器进行控制。界面中所有按钮都是按下为"1",松开为"0"。图 2-7-45 为触摸屏界面。

⑥ 右键点击按钮后,在下方弹出的"属性"窗口中选中"事件"模块,进行修改。以停止按钮为例,在"事件"中选中"按下",如图 2-7-46所示。

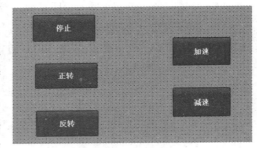

图 2-7-45　触摸屏界面

图 2-7-46　添加"事件"

⑦ 为停止按钮添加事件(按下为1，即置位位，松开为0，即复位位)，如图2-7-47所示。

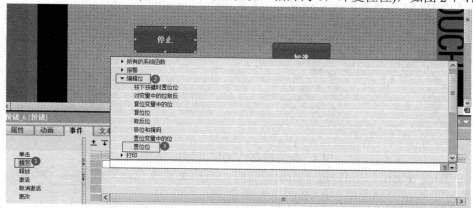

(a) 添加"停止"按钮的按下事件

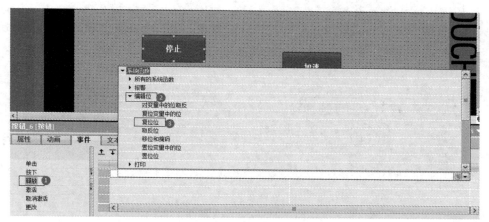

(b) 添加"停止"按钮的松开事件

图2-7-47 添加"停止"按钮的事件

⑧ 为正转按钮添加事件，如图2-7-48所示。

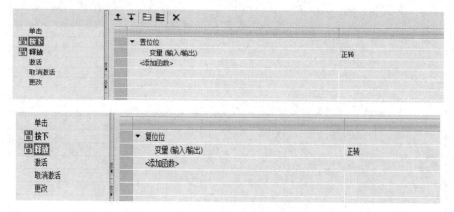

图2-7-48 添加"正转"按钮的事件

⑨ 为反转按钮添加事件，如图2-7-49所示。

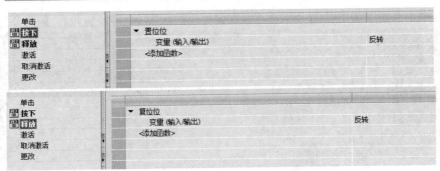

图 2-7-49　添加"反转"按钮的事件

⑩　为加速按钮添加事件(按下加速按钮时，对应变量置位，开始加速，松开加速按钮后，对应变量复位，加速停止)，如图 2-7-50 所示。

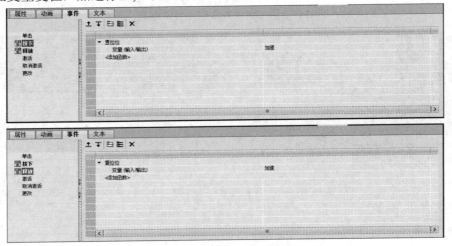

图 2-7-50　添加"加速"按钮的事件

⑪　为减速按钮添加事件(按下减速按钮时，对应变量置位，开始减速，松开减速按钮后，对应变量复位，减速停止)，如图 2-7-51 所示。

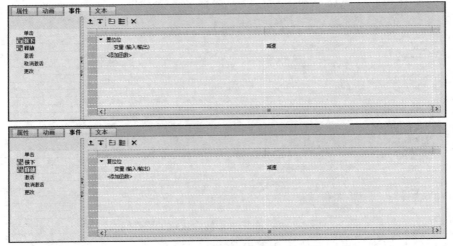

图 2-7-51　添加"减速"按钮的事件

⑫ 将界面编译并下载至触摸屏，如图 2-7-52 所示。

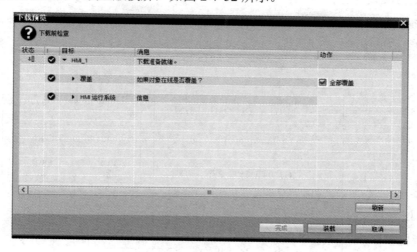

图 2-7-52　触摸屏界面下载

（3）系统调试。程序和触摸屏界面下载完成后，即可用触摸屏控制电动机启动、停止、正转、反转、加速和减速。

## （二）S7-1200 通过端子控制 G120 变频器以实现电动机正反转及调速(模拟方式)

### 1. 任务要求及分析

将 S7-1200 PLC 的输出端子接入 G120 变频器的数字输入端，控制变频器的正反向启动；将一个 10 kΩ 的电位器的输入端接入变频器的模拟输入端子 AI0+，同时将电位器的两固定端子分别接入变频器的 10 V 输出端和 GND，通过调节电位器上的旋钮对电动机的转速进行无级调速。通过设置参数 P0015，使用控制单元的宏程序 12(模拟方式)来完成任务。

### 2. 所需要的主要设备

选用西门子 S7-1200 系列中的 CPU 1214C DC/DC/Rly，G120 变频器的控制单元为 CU250S-2PN，功率模块为 PM-240，主要设备清单见表 2-7-9。

表 2-7-9　主要设备清单

| 序号 | 名　称 | 型号与规格 | 单位 | 数量 | 备　注 |
|---|---|---|---|---|---|
| 1 | 三相交流异步电动机 | YS8012 | 台 | 1 | 可根据实际情况选择电动机 |
| 2 | PLC | 西门子 S7-1200 CPU1214C DC/DC/Rly | 台 | 1 | 可根据实际情况选择继电器输出型 PLC |
| 3 | G120 变频器 | 控制单元为 CU250S-2PN，功率模块为 PM-240 | 台 | 1 | 变频器与 PLC 通过 PROFINET 总线进行通信 |
| 4 | 10 kΩ 电位器 | 手动旋钮电位器 | 个 | 1 | |

### 3. 控制方案设计

#### 1) 系统接线图

系统接线图如图 2-7-53 所示。

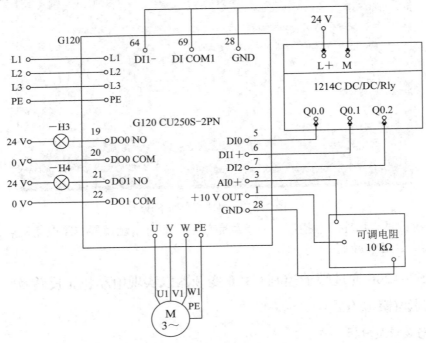

图 2-7-53　系统接线图(模拟方式)

#### 2) I/O 地址分配

I/O 地址分配见表 2-7-10。

表 2-7-10　I/O 分配表

| S7-1200 PLC | | | | G120 变频器 | | | |
|---|---|---|---|---|---|---|---|
| 输入 | | 输出 | | 输入 | | 输出 | |
| 地址 | 作用 | 地址 | 作用 | 地址 | 作用 | 地址 | 作用 |
| | | Q0.0 | 控制正向启动 | DI0 | 正向启动 | DO0 COM | DO 0 公共端 |
| | | Q0.1 | 控制反向启动 | DI1+ | 反向启动 | DO0 NO | 故障灯 |
| | | Q0.2 | 故障复位 | DI2 | 故障复位 | DO1 COM | DO 1 公共端 |
| | | | | AI0+ | 电位器输入端 | DO1 NO | 报警灯 |
| | | | | DI COM1 | 输入端公共点 | | |
| | | | | +10 V OUT | 变频器 10 V 输出端 | | |

#### 3) PLC 程序设计

(1) 设备组态。

首先通过 BOP-2 操作面板进行参数设置。

① 在"PARAMETER"菜单下，将参数 P10 设置为 1，打开快速调试，然后将参数 P15 设置为 12，将端子设置为宏程序 12 模式，再将 P10 设置回 0，进入准备就绪状态，如图 2-7-54 所示。

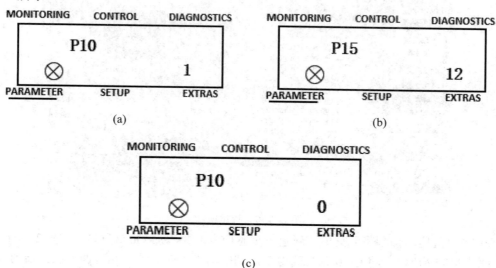

图 2-7-54　设置宏程序

② 如图 2-7-55 所示，设置参数 P756 为 4，选择模拟量的输入类型为电压输入，范围为 -10～+10 V。参数 P756 设置好后，P757(模拟量输入特性曲线值 $x_1$)、P758(模拟量输入特性曲线值 $y_1$)、P759(模拟量输入特性曲线值 $x_2$)、P760(模拟量输入特性曲线值 $y_2$)这四个参数就会被自动地设置好。

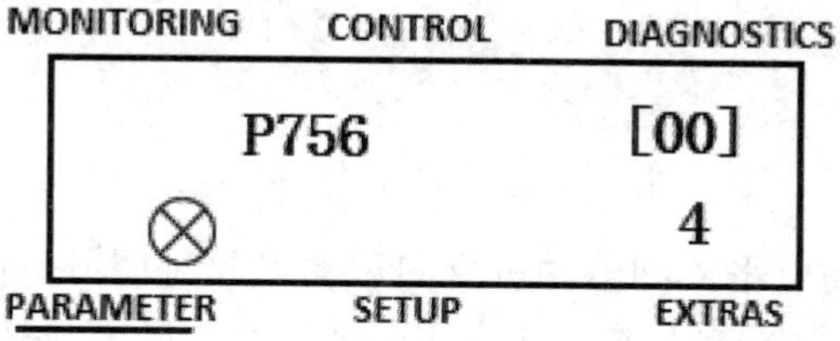

图 2-7-55　设置 P756 参数

(2) 变量定义。

S7-1200 PLC 的输出端子 Q0.0 用来控制变频器输入端子 DI0(正向启动)，Q0.1 用来控制变频器输入端子 DI1+(反向启动)，Q0.2 用来控制变频器输入端子 DI2(故障复位)。将 Q0.0 置为高电平后，变频器正向启动，此时可以用手调节电位器旋钮，控制电动机的正向转速。再将 Q0.1 置为高电平后，变频器反向启动，此时再调节电位器旋钮，控制电动机的反向转速。变频器的输出端子 DO0 NO 接 24 V 故障灯，输出端子 DO1 NO 接 24 V 报警灯。

(3) 程序设计。

① 新建一个项目。

② 添加 1214C DC/DC/Rly 型号的 CPU，如图 2-7-56 所示。

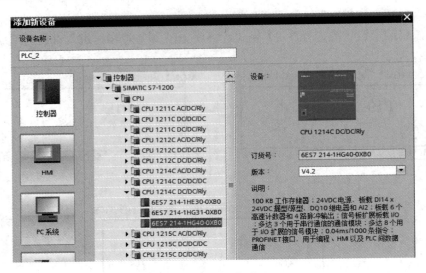

图 2-7-56　新建项目

③ 在"监控与强制表"菜单下新建一个监控表，并添加 Q0.0、Q0.1、Q0.2 三个监控量，如图 2-7-57 所示。将 Q0.0 置为高电平，则电动机正向启动。此时调节电位器的旋钮，观察 BOP-2 操作面板上"MONITOR"菜单下的电动机实际转速是否随着旋钮的调节而变化。

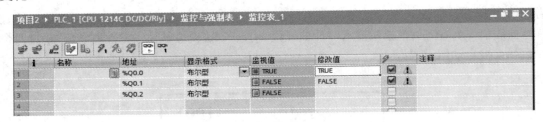

图 2-7-57　添加新的监控表

④ 再将 Q0.1 置为高电平，则电动机反向启动。此时调节电位器的旋钮，观察 BOP-2 操作面板上"MONITOR"菜单下的电动机实际转速是否随着旋钮的调节而变化。

# 情景三

## 变频器在典型控制系统中的应用

# 项目一　基于 PLC 的工业洗衣机变频控制系统

## 一、项目背景及要求

　　工业洗衣机主要应用于酒店、宾馆、医院等场所的洗衣房，它的出现帮助纺织厂提升了织物处理能力，提高了洗涤环节的工作效率，目前，工业洗衣机已成为洗衣房中不可缺少的机械设备之一。

　　随着工艺要求的不断提高，对工业洗衣机变频器的要求也越来越高，要求能够满足工业洗衣机高启动转矩、多段速、宽电压范围、自动转差补偿和快捷强大的通信方式等技术需求，而且要求性能稳定，能适应各种复杂的高温、高湿的环境。

基于 PLC 的工业洗衣机变频控制系统

## 二、知识讲座

　　工业洗衣机与家用洗衣机有着很大的不同，平常人很少能接触到工业洗衣机，只有专业的洗涤人员才能接触到。通常工业洗衣机多用于酒店等有大量洗涤需求的场所。

　　工业洗衣机的结构通常采用卧式，一般为滚筒型。工业洗衣机机身内、外都由高质量的不锈钢构成，具有光滑整齐、耐腐蚀的特点，对酒店布草用品磨损度很小。

　　工业洗衣机的操作也很方便，其性能比家用洗衣机的性能高出很多，并且运行平稳，其寿命也比家用洗衣机的寿命长。在安全方面，工业洗衣机的内筒门上都装有安全锁，如果工业洗衣机的门没有关好，则机器无法运行，如果在运行时洗衣机的门被打开，则机器将立即停止。除此之外，工业洗衣机都有静音处理，且运行平稳，没有噪声。家用洗衣机有的定时功能，工业洗衣机也有，根据洗涤布料的不同，设置合适的清洗时间，到时就会自动停止运转。

　　洗涤染色两用的工业洗衣机，还装有水位计和温度自动控制系统。在进气管和保温管上安装电磁阀就可以控制温度，还可以根据要求使用调速电机或者安装变频器，根据不同布料的洗涤需求来自动调节工业洗衣机滚筒转速。

### 1. 工业洗衣机的分类

工业洗衣机主要分为以下几类。

1) 水洗机

水洗机是专业洗涤场所的主要设备之一。目前我国专业洗衣房普遍使用的水洗机，按形状可分为立式机和卧式机两种；按运作方式可分为全自动机和半自动机两种。立式机一般为全自动机，卧式机一般为半自动机。

(1) 全自动立式洗衣机：按进水形式的不同，全自动立式洗衣机可分为直流式和喷流式两种。国产机多为直流式，而进口机部分为喷流式。后者由于进水时为喷射状态，有一定的冲力，对洗涤剂的溶解、分布及漂洗时污垢脱离织物都有好处，因此是较好的机型。全自动洗衣机按既定的洗涤程序由控制键或设定的 IC 自动控制整个洗涤程序，使用时只需把衣物放进洗衣机，把洗涤剂加入加料口，按控制键，洗衣机就会自动运作，按时按量一次性完成洗涤过程，从而减轻洗涤工的劳动强度，且洗涤温度及保温时间精确，通过视物镜可看到洗涤情况，如发现问题可及时补救。

(2) 半自动卧式洗衣机：卧式机的优点在于其内胆较宽大，运作时所产生的摩擦力(跌打力)较大，洗涤效果不错(但织物容易磨损，寿命比用全自动立式洗衣机的短)，且使用简单，维修较容易，投资少，目前多用于专业洗衣厂，常用的机型有 40、80 kg 的，也有 120 kg 的。半自动洗衣机不能脱水，必须配置脱水机，只能在主洗结束且漂洗完后，把衣物移到脱水机内进行一次脱水(全自动洗衣机一般都脱水 2 至 3 次)。由于只进行一次脱水，织物上容易残留洗涤液。此外，卧式机一般没有计时装置及水位尺度，洗涤时间通常靠估计，水位也不便控制，而水位、洗涤温度和保温时间的准确控制对洗涤效果是十分关键的。

2) 脱水机

脱水机即高速离心机，其转速在 400 r/min 以上。

3) 烘干机

一般立式滚筒式烘干机和立式全自动洗衣机形状相仿。

4) 烫平机

烫平机有单滚筒、双滚筒、三滚筒和四滚筒的。滚筒越多，烫平效果越好。

## 2. 工业洗衣机的洗涤程序

大型洗衣设备无论洗涤的衣物是什么材料，必需的洗涤程序都可分为六个阶段：衣物的洗前处理、洗涤去污、洗涤辅助、洗涤后处理、洗涤效果处理、洗涤脱水。

(1) 洗涤前处理阶段。洗涤前处理阶段一般指冲洗与预洗，具体是在水和洗衣机的共同作用下去除织物上部分易脱离的污渍，比如简单附着的灰尘及吸附的毛绒。

(2) 去污阶段。在去污阶段一般要加入一定量的洗涤剂，一般是洗衣粉或洗衣液。洗涤剂在水中润湿、溶解，通过对污渍的乳化、两者向上悬浮、污渍和织物的分离等作用达到去除织物上顽固污渍的目的。

(3) 洗涤辅助阶段。洗涤辅助阶段可以使织物中残留的洗涤剂和含污垢的洗涤液向水中扩散，进而随着水的脱去而脱离衣物。这个过程一般需要多次进行，以达到彻底洗干净的效果。

(4) 洗涤后处理阶段。在洗涤过程中，有的织物比较容易残留洗涤剂，中和剂可以中和织物中残留的碱和残氯，调整织物的 pH 值，使织物处在一个比较平衡的酸碱状态，避免织物腐蚀，延长织物寿命。

(5) 洗涤效果处理阶段。洗涤效果处理有柔软、上浆和增白三种。

对于一些对柔软度有要求的织物，柔顺剂的使用是必不可少的。柔顺剂可以进入纤维内部，从而提高织物的润滑性，并且可以防止产生静电。上浆是使浆粉吸附在织物上，使织物挺拔有型。增白剂的使用只适合白色织物，别的织物禁止使用。

(6) 脱水阶段。脱水过程中，脱水筒高速运转产生离心力使含在织物中的水分被甩出，便于织物晾晒，加速织物干燥。

### 3. 工作原理

工业洗衣机由电动机通过皮带变速带动内胆转动，且在时序控制器的作用下正反旋转，带动水和衣物做不同步运动，使水和衣物等相互摩擦、揉搓，达到洗净的目的。

洗衣机按洗涤方式的不同，可分为波轮式洗衣机和滚筒式洗衣机两种。

波轮式洗衣机的工作原理：放入衣物后，打开进水龙头的阀门，选择好正确的水位及工作程序，接通电源，闭合仓门，门安全开关闭合，此时水位开关内部的公共触点与脱水触点相通，进水阀通电进水；当桶内水位到达指定高度时，在气压的作用下水位开关内部公共触点断开脱水触点而接通洗涤触点，进水阀断电停止进水，电动机电源被接通，电动机开始运转，周期性地时而正转、时而反转，相互交替，通过离合器带动波轮以同样的周期正转、反转，以一定速度旋转的波轮会带动桶内的水及衣物形成旋转水流，衣物在水流中相互摩擦而达到洗衣的目的。

### 4. 变频器在工业洗衣机中的作用

工业洗衣机在洗净与脱水时的转速差较大，采用变频器控制后，基于衣料及洗涤剂等条件，可任意控制洗涤、漂洗及平衡过程中洗衣桶的转速，如提高脱水时洗衣桶的转速，可缩短脱水周期。由于采用电气制动方式，故可以在较短时间内从高速脱水到达停止状态。

由于洗净、脱水等需要准备数台电动机，采用离合器切换使用电动机。脱水作业由高速脱水及中速脱水两台电动机分担，或者采用变极电动机，因此传动装置较复杂，需要离合器、带轮及制动阀等。利用变频器可以有效解决上述问题。采用一台电动机即可完成高速、中速、低速运行，甚至包括制动器运行，其传动装置简单。脱水结束后，变频器可用外部制动装置减速，使电动机的再生能量转变为热能放出，短时间内即可完成减速。

工业洗衣机运行过程为：洗净—脱水—清洗—脱水—干燥。其中，洗净与清洗过程由频繁的正、反转运行组成，脱水为高速旋转，干燥为长时间低速运行。在脱水前还需要将衣物均匀分布在桶的周围，即平衡过程。工业洗衣机采用变频器调速后，拖动装置只需要一台电动机与洗衣桶连接，简化了机械部分，可以使用标准电动机；利用超高速脱水可以有效缩短脱水时间；洗净与脱水速度可以通过操作盘任意决定，改善了操作性能；由于取消了制动阀、离合器等磨损严重的部件，故系统维护工作量小。

变频器主要用于改变工业洗衣机电动机的速度，以达到使用目的。选择变频器时应考虑下列几点：电动机速度、电动机所传动的负载必须接受电动机供给的转矩，其值与该速度下的机械所做的功和损耗相适应。电压型变频器的特点是中间直流环节采用大电容作为储能元件，负载的无功功率将由它来缓冲。其优点是运转时不受电动机功率因素(如换流电感等)影响；缺点是电动机处于再生发电状态时，回馈到直流侧的无功能量难以回馈到交流电网。要实现这部分能量向电网的回馈，必须采用可逆变频器。

## 三、项目解决方案

### 1. 系统组成

(1) 放置好洗涤衣物后，按下启动按钮，开始进水，水位达到高水位时停止进水，并开始洗涤，洗涤正转 10 s，暂停 2 s，然后反转 10 s，暂停 2 s 为一次小循环，循环 5 次后开始排水，水位下降到低水位时开始脱水，并继续排水脱水 8 s，从进水到脱水过程循环 3 次，完成 3 次循环则结束全部过程，即自动停机，流程图如图 3-1-1 所示，状态转移图如图 3-1-2 所示。

(2) 洗涤时变频器输出频率为 30 Hz，脱水时变频器输出频率分 120 Hz(高)、80 Hz(中)、60 Hz(低)，根据衣物量的多少来设定，其加减速时间根据实际情况设定。

(3) 电路控制图如图 3-1-3 所示。

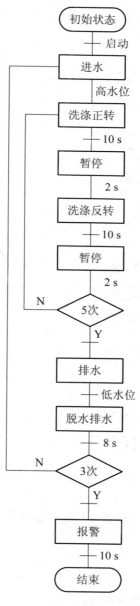

图 3-1-1　工业洗衣机控制流程图

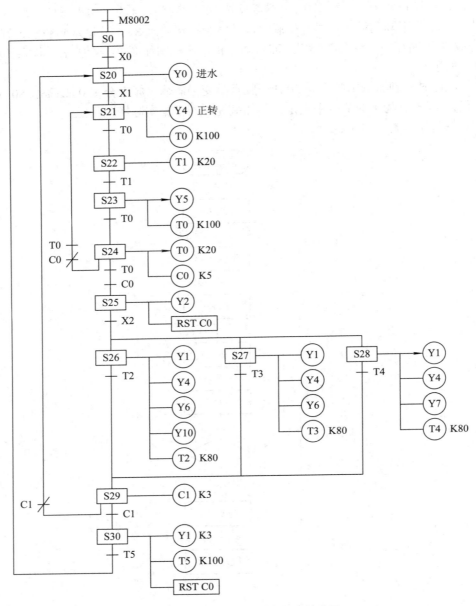

图 3-1-2  工业洗衣机 PLC 状态转移图

## 2. 变频器选择及参数设定

本案例中选择三菱 FR-E700 变频器，具体参数设置如下：

(1) 上限频率 Pr.1 = 120 Hz；

(2) 下限频率 Pr.2 = 0 Hz；

(3) 基底频率 Pr.3 = 50 Hz；

(4) 多段速度设定(高速脱水)Pr.4 = 120 Hz；

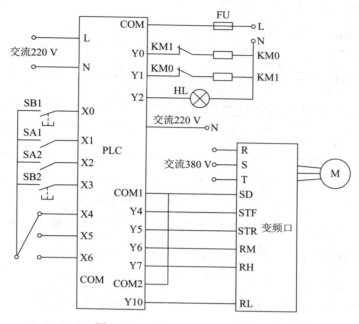

图 3-1-3　工业洗衣机控制电路

(5) 多段速度设定(中速脱水)Pr.5 = 80 Hz；

(6) 多段速度设定(洗涤)Pr.6 = 30 Hz；

(7) 加速时间 Pr.7 = 2 s；

(8) 减速时间 Pr.8 = 2 s；

(9) 多段速度设定(低速脱水)Pr.24 = 60 Hz；

(10) 操作模式选择(组合)Pr.79 = 2。

### 3. 程序设计

(1) 根据控制要求，选择的 PLC 为三菱 $FX_{2N}$-48RM，I/O 分配表如表 3-1-1 所示。

表 3-1-1　I/O 分配表

| 输　入 | | | 输　出 | | |
|---|---|---|---|---|---|
| 名称 | 元件 | 输入继电器 | 名称 | 元件 | 输出继电器 |
| 启动按钮 | SB1 | X0 | 进水接触器 | KM0 | Y0 |
| 高水位开关 | SQ1 | X1 | 排水接触器 | KM1 | Y1 |
| 低水位开关 | SQ2 | X2 | 报警指示灯 | HL | Y2 |
| 停止按钮 | SB2 | X3 | 电动机正转 | STF | Y4 |
| 脱水(低速) | | X4 | 电动机反转 | STR | Y5 |
| 脱水(中速) | | X5 | RM | | Y6 |
| 脱水(高速) | | X6 | RH | | Y7 |
| | | | RL | | Y10 |

(2) 程序如图 3-1-4 所示。

```
        M8002
 0  ─┤├─────────────────────────────────────────[SET    S0    ]
        S0        X000
 3  ─┤STL├──────┤├──────────────────────────────[SET    S20   ]
        S20
 7  ─┤STL├──┬───────────────────────────────────(Y000      )
        │   X001
 9  │   └──┤├─────────────────────────────────[SET    S21   ]
        S21
12  ─┤STL├──┬───────────────────────────────────(Y004      )
        │   ├───────────────────────────────────(Y010      )
        │   ├───────────────────────────────────(T0     K150 )
        │   T0
18  │   └──┤├─────────────────────────────────[SET    S22   ]
        S22
21  ─┤STL├──┬───────────────────────────────────(T1     K30  )
        │   T1
25  │   └──┤├─────────────────────────────────[SET    S23   ]
        S23
28  ─┤STL├──┬───────────────────────────────────(Y005      )
        │   ├───────────────────────────────────(Y010      )
        │   ├───────────────────────────────────(T0     K150 )
        │   T0
34  │   └──┤├─────────────────────────────────[SET    S24   ]
        S24
37  ─┤STL├──┬───────────────────────────────────(T1     K30  )
        │   ├───────────────────────────────────(C0     K3   )
        │   T1        C0
44  │   ├──┤├────┬────────────────────────────[SET    S25   ]
        │         C0
        │   └────┤/├────────────────────────────[SET    S21   ]
        S25
53  ─┤STL├──┬───────────────────────────────────(Y001      )
        │   ├─────────────────────────────────[RST    C0    ]
        │   X002      X004
57  │   ├──┤├────┬─┤├──────────────────────────[SET    S26   ]
        │         X005
        │   ├────┤├──────────────────────────[SET    S27   ]
        │         X006
        │   └────┤├──────────────────────────[SET    S28   ]
        S26
70  ─┤STL├──┬───────────────────────────────────(Y001      )
        │   ├───────────────────────────────────(Y010      )
        │   ├───────────────────────────────────(Y006      )
        │   ├───────────────────────────────────(Y004      )
        │   ├───────────────────────────────────(T2     K800 )
        │   T2
78  │   └──┤├─────────────────────────────────[SET    S29   ]
```

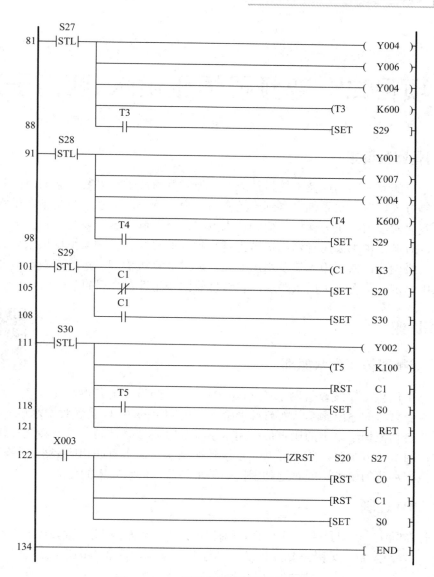

图 3-1-4　工业洗衣机控制系统梯形图

三菱 FR-E700 使用手册(应用篇)

PLC 与变频器的通信

PLC 与变频器通信详解

变频器知识汇编

三菱 FX$_{2N}$ 系列 PLC 与 TD 系列变频器通信

# 项目二 / 变频器恒压供水(西门子)

## 一、项目背景及要求

近年来，随着变频调速技术的日益成熟，变频器恒压供水以其显著的节能效果和可靠稳定的控制方式，在供水系统中得到广泛应用。变频器恒压供水系统是指在供水管网中用水量发生变化时，出口压力保持不变的供水方式，可以满足城市规模不断扩大，建筑高度不断增高，对城市供水公用管网出口压力越来越高的要求。变频器恒压供水系统对水泵电动机实行无级调速，依据用水量及水压变化，通过计算机检测、运算，自动改变水泵转速以保持水压恒定，从而满足用水要求，它是目前比较先进、合理的节能供水系统。

## 二、知识讲座

变频器恒压供水

### (一) 变频器恒压供水原理

变频器恒压供水系统以管网水压(或用户用水流量)为设定参数，通过微机控制变频器的输出频率从而自动调节水泵电动机的转速，实现管网水压的闭环调节，使供水系统自动恒稳于设定的压力值：用水量增加时，频率升高，水泵转速加快，供水量相应增大；用水量减少时，频率降低，水泵转速减慢，供水量亦相应减小。这样就保证了用户对水压和水量的要求，同时达到了提高供水品质和供水效率的目的。

### (二) PID 控制

在工程实际中，应用最为广泛的调节器控制规律为比例、积分、微分控制，简称 PID(比例、积分、微分)控制，又称为 PID 调节，其控制原理图如图 3-2-1 所示。

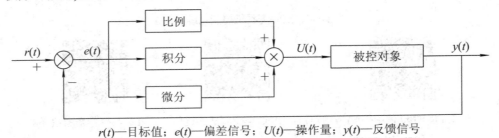

$r(t)$—目标值；$e(t)$—偏差信号；$U(t)$—操作量；$y(t)$—反馈信号

图 3-2-1　PID 控制原理图

PID 控制器问世至今已有一百多年的历史，它因结构简单、稳定性好、工作可靠和调整方便而成为工业控制的主要技术之一。当被控对象的结构和参数不能完全掌握，得不到精确的数学模型时，或控制理论的其他技术难以采用时，系统控制器的结构和参数必须根据经验和现场调试来确定，这时应用 PID 控制技术最为方便。PID 控制器就是根据系统的误差，利用比例、积分、微分计算出控制量进行控制的，很多闭环控制系统中都有 PID 控制环节。

### 1. 比例(P)控制

比例控制是一种最简单的控制方式，其输出与输入误差信号呈比例关系。当仅有比例控制时系统输出存在稳态误差(Steady-state Error)。

### 2. 积分(I)控制

在积分控制中，控制器的输出与输入误差信号的积分成正比关系。对于一个自动控制系统，如果在进入稳态后存在稳态误差，则称这个控制系统是有稳态误差的或简称有差系统(System with Steady-state Error)。为了消除稳态误差，在控制器中必须引入"积分项"。积分项对稳态误差的清除取决于时间，随着时间的增加，积分项会增大。这样，即便误差很小，积分项也会随着时间的增加而加大，它推动控制器的输出增大使稳态误差进一步减小，直到等于零。因此，比例 + 积分(PI)控制器，可以使系统在进入稳态后无稳态误差。

### 3. 微分(D)控制

在微分控制中，控制器的输出与输入误差信号的微分(即误差的变化率)成正比关系。自动控制系统在克服误差的调节过程中可能会出现振荡甚至失稳。其原因是存在较大惯性组件(环节)或滞后(Delay)组件，其变化总是落后于误差的变化。解决的办法是使抑制误差的作用的变化"超前"，即在误差接近零时，抑制误差的作用就应该是零。也就是说，在控制器中仅引入"比例项"往往是不够的，比例项的作用仅是放大误差的幅值，而目前需要增加的是"微分项"，它能预测误差变化的趋势，这样，具有比例 + 微分(PD)的控制器，就能够提前使抑制误差的控制作用等于零，甚至为负值，从而避免了被控量的严重超调。所以对有较大惯性或滞后的被控对象，比例+微分控制器能改善系统在调节过程中的动态特性。

闭环控制系统的振荡甚至不稳定的根本原因在于有较大的滞后因素。因为微分项能预测误差变化的趋势，这种"超前"的作用可以抵消滞后因素的影响。适当的微分控制作用可以使超调量减小，增加系统的稳定性。对于有较大的滞后特性的被控对象，如果 PI 控制的效果不理想，可以考虑增加微分控制，以改善系统在调节过程中的动态特性。如果将微分时间设置为 0，微分部分将不起作用。

微分时间与微分作用的强弱呈正比，微分时间越长，微分作用越强。如果微分时间太长，在误差快速变化时，响应曲线上可能会出现"毛刺"。微分控制的缺点是对干扰噪声敏感，使系统抑制干扰的能力降低。为此可在微分部分增加惯性滤波环节。

### 4. PID 采样周期

PID 控制器控制程序是周期性执行的，执行的周期称为采样周期。采样周期越小，采样值越能反映模拟量的变化情况。但是采样周期太小会增加 CPU 的运算工作量，相邻两次采样的差值几乎没有什么变化，将使 PID 控制器输出的微分部分接近于零，所以也不宜将采样周期取得过小。应保证在被控量迅速变化时(如启动过程中的上升阶段)，要有足够多的采样点数，不至于因为采样点数过少而丢失被采集的模拟量中的重要信息。

**5. PID 控制器的参数整定**

PID 控制器的参数整定是控制系统设计的核心内容。它是指根据被控过程的特性确定 PID 控制器的比例系数、积分时间和微分时间的大小。PID 控制器参数整定的方法很多，概括起来有两大类：一是理论计算整定法，它主要是依据系统的数学模型，经过理论计算确定控制器参数，这种方法所得到的计算数据未必可以直接用，还必须通过工程实际进行调整和修改；二是工程整定方法，它主要依赖工程经验，直接在控制系统的试验中进行，且方法简单、易于掌握，在工程实际中被广泛采用。

PID 控制器参数的工程整定方法主要有临界比例法、反应曲线法和衰减法。三种方法各有其特点，其共同点都是通过试验，然后按照工程经验公式对控制器参数进行整定。但无论采用哪一种方法，所得到的控制器参数都需要在实际运行中进行最后调整与完善。

在工程整定方法中，采用较多的是临界比例法。利用该方法进行 PID 控制器参数的整定步骤如下：

(1) 预选择一个足够短的采样周期让系统工作；

(2) 仅加入比例控制环节，直到系统对输入的阶跃响应出现临界振荡，记录下这时的比例放大系数和临界振荡周期；

(3) 在一定的控制条件下通过公式计算得到 PID 控制器的参数。

## (三) 西门子 MM430 变频器

西门子 MM430 变频器是一种专门为风机和水泵设计的变频器，它具有丰富的软件设置参数，可以扩展实现多种功能，能够满足各种复杂工况下的需要。通过对 MM430 的 PID 参数进行设定，可以在不增加任何外部设备的条件下，实现供水压力的恒定，提高供水质量，同时减少能量损耗。西门子 MM430 变频器用于泵和风机控制时，具体有以下特点：

(1) 电动机的分级控制。

(2) 节能控制方式。

(3) 手动/自动控制(手动操作/自动操作)。

(4) 传动皮带故障的检测(对水泵无水空转的检测)。

(5) 旁路功能。

西门子 MM430 风机水泵负载
专用变频器使用手册

**1. MM430 变频器的额定性能参数**

MM430 变频器的额定性能参数如表 3-2-1 所示。

表 3-2-1  西门子 MM430 变频器额定性能参数

| 特　性 | 技　术　规　格 |
|---|---|
| 电源电压和功率范围(VT) | 380~480 V ± 10% AC，VT 为 7.50~90.0 kW(10.0~120 hp) |
| 输入频率 | 47~63 Hz |
| 输出频率 | 0~650 Hz |
| 功率因数 | 0.98 |
| 变频器效率 | 96%~97% |

续表

| 特　性 | 技 术 规 格 |
|---|---|
| 过载能力，变转矩(VT)方式 | 1.4×额定输出电流(即 140%过载)，持续时间 3 s，间隔周期 300 s；1.10×额定输出电流(即 110%过载)，持续时间 60 s，间隔周期 300 s |
| 合闸冲击电流 | 低于额定输入电流 |
| 控制方法 | 线性 V/f 控制，带 FCC(磁通电流控制)功能的线性 V/f 控制，抛物线 V/f 控制，多点 V/f 控制，适用于纺织机械 V/f 控制，适用于纺织机械带 FCC 功能的 V/f 控制，带独立电压设定值的 V/f 控制 |
| 脉冲调制频率 | (2~16) kHz(每级调整 2 kHz) |
| 固定频率 | 15 个，可编程 |
| 跳转频率 | 4 个，可编程 |
| 设定值的分辨率 | 0.01 Hz 数字输入，0.01 Hz 串行通信的输入，10 位二进制模拟输入(电动电位计 0.1 Hz，误差 0.1%(在 PID 方式下)) |
| 数字输入 | 6 个，可编程(带电位隔离)，可切换为高电平/低电平有效(PNP/NPN) |
| 模拟输入 1(AIN1) | 0~10 V，0~20 mA 和 -10~+10 V |
| 模拟输入 2(AIN2) | 0~10 V，0~20 mA |
| 继电器输出 | 3 个，可编程 30 V DC / 5 A(电阻性负载)，250 V AC/2 A(电感性负载) |
| 模拟输出 | 2 个，可编程(0~20 mA) |
| 串行接口 | RS-485，可选 RS-232 |
| 电磁兼容性 | 可选 A 级或 B 级滤波器，符合 EN55011 标准关于 EMC 的要求，变频器带有内置的 A 级滤波器时也符合该标准的要求 |
| 制动 | 直流注入制动，复合制动 |
| 防护等级 | IP20 |
| 温度范围 | -10~+40℃(14~104℉) |
| 存放温度 | -40~+70℃(-40~158℉) |
| 相对湿度 | 低于 95% RH(无结露) |
| 工作地区的海拔 | 海拔 1000 m 以下不需要降低额定值运行 |
| 保护特征 | 欠电压，过电压，过负载，接地，短路，电动机失步保护，电动机锁定保护，电动机过温，变频器过温，参数联锁 |

## 2. 控制方式(P1300)

MM430 变频器有多种运行控制方式，即运行中电动机的速度与变频器的输出电压之间可以有多种不同的控制关系。各种控制方式的简要情况如下所述：

(1) 线性 V/f 控制，P1300 = 0。这种控制方式可用于可变转矩和恒定转矩的负载，例如，带式运输机和正排量泵类。

(2) 带磁通电流控制(FCC)功能的线性 V/f 控制，P1300 = 1。这种控制方式可用于提高电动机的效率和改善其动态响应特性。

(3) 抛物线 V/f 控制，P1300 = 2。这种控制方式可用于可变转矩负载，例如，风机和水泵。

(4) 多点 V/f 控制，P1300 = 3。

(5) 用于纺织机械的 V/f 控制，P1300 = 5。这种控制方式没有滑差补偿或谐振阻尼，电流最大值 $I_{\max}$ 随电压变化，而不随频率变化。

(6) 用于纺织机械的带 FCC 功能的 V/f 控制，P1300 = 6。这种控制方式是 P1300 = 1 和 P1300 = 5 的组合控制。

(7) 带独立电压设定值的 V/f 控制，P1300 = 19。这种控制方式的电压设定值可以由参数 P1330 给定，而与斜坡函数发生器(RFG)的输出频率无关。

### 3. PID 控制

#### 1) PID 控制器

MICROMASTER 变频器有集成的工艺调节器，PID 控制器通过参数 P2200 激活，它可用于过程控制的高级闭环控制，例如用于挤压机的闭环压力控制、泵传动的闭环水位控制、风扇传动的闭环温度控制、卷取传动的闭环跳动辊子位置控制及类似的控制任务。在实际控制中，可通过 PID 电动电位计(PID-MOP)、PID 固定给定值(PID-FF)、模拟输入(ADC1，ADC2)或串行接口输入工艺给定值和实际值。

PID 工艺调节器的结构如图 3-2-2 所示，PID 过程控制器如图 3-2-3 所示。

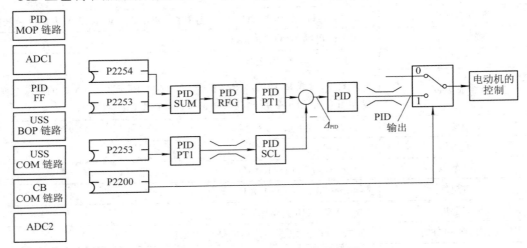

图 3-2-2　PID 工艺调节器的结构图

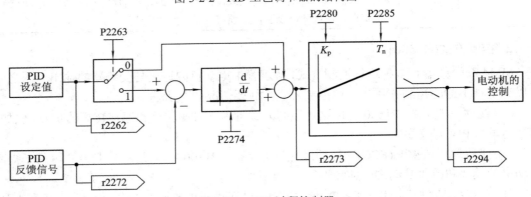

图 3-2-3　PID 过程控制器

工艺调节器可用参数 P2280、P2285 或 P2274 设置成 P、I、PI 或 PID 调节器。对于特定应用，PID 输出量可限制在规定的值。可用固定限幅 P2291 和 P2292 来实现这一要求。为了防止 PID 调节器在合上电源时输出有一个大阶跃，PID 调节器输出限幅是用斜坡时间 P2293 来限制其斜坡上升的(从 0 到相应值，P2291 为 PID 输出上极限，P2292 为 PID 输出下极限)。一旦达到此限幅值，PID 调节器的动态响应不再受此斜坡上升/斜坡下降时间(P2293)的限制。

2) 速度控制器(PI 控制器)

参数范围：P1300，P1400~P1780；电动机模型的实际值(无速度编码器的矢量控制(SLVC))：P1470，P1472，P1452；编码器的实际值(有速度编码器的矢量控制(VC))：P1460，P1462，P1442。

(1) 速度调节器(SLVC：P1470，P1472，P1452；VC：P1460，P1462，P1442)。

速度调节器(如图 3-2-4 所示)接收来自给定值通道的给定值 r0062，或直接来自编码器的实际值，或直接来自电动机模型的实际值 r0063。系统偏差用 PI 速度调节器放大并同预控制一起形成转矩给定值。

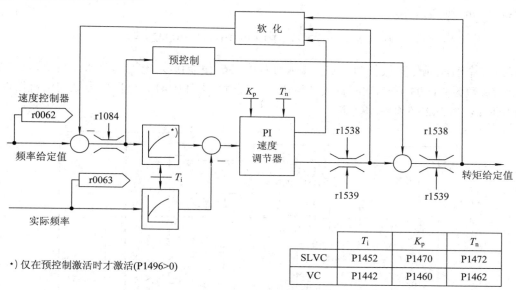

·)仅在预控制激活时才激活(P1496>0)

|  | $T_i$ | $K_p$ | $T_n$ |
|---|---|---|---|
| SLVC | P1452 | P1470 | P1472 |
| VC | P1442 | P1460 | P1462 |

图 3-2-4　速度调节器

对于增大的负载转矩，若软化功能激活，则速度给定值按比例减小以使在一组传动(两个或多个电动机机械上互相连接)中各个传动系统的负载发生过大转矩时会减小。

如果输入惯性力矩，利用自动参数设置(P0340=4)可计算速度调节器的参数($K_p$，$T_n$)，按对称方式确定的最佳参数如下

$$T_n = 4 \cdot T_\sigma$$

$$K_p = \frac{\frac{1}{2}r0345}{4T_\sigma} = \frac{2 \cdot r0345}{T_n}$$

式中，$T_\sigma$ 为延时时间之和。

如果这些设定会产生振荡，则速度调节器增益 $K_p$ 应手动减小。也可以增大速度实际值的平波(对于减速箱齿隙或高频扭矩振荡，这是常用的方法)，然后再调用调节器计算。

下面的相互关系可用于优化程序：如果 $K_p$ 增大，调节器变快，超调减小，但是，在速度调节器环中的信号脉动和振荡将增大；如果 $T_n$ 减小，调节器也变快，然而，超调将增大。

当手动调整速度控制器时，最简单的程序是开始时用 $K_p$ 去确定可能的动态响应和速度实际值滤波，然后，尽可能减少积分作用时间。在这种情况下，重要的是确保闭环控制必须保证在弱磁区中的稳定。

当在闭环速度控制中产生振荡时，一般是加大滤波时间。对于 SLVC 为 P1452，对于 VC 为 P1442(或减小调节器增益)，以便产生阻尼振荡。可以用 r1482 去监控速度调节器的积分输出，用 r1508 去监控未限幅的调节器输出(转矩给定值)。

(2) 速度调节器预控制(P1496，P0341，P0342)。

带预控制的速度控制器的结构如图 3-2-5 所示。如果传动变频器的速度调节器也从速度给定值产生电流给定值(与转矩给定值相适应)，则速度控制环的控制性能得以改善。转矩给定值 $m_V$ 则为

$$m_V = \text{P}1496 \cdot \Theta \frac{\mathrm{d}n}{\mathrm{d}t} = \text{P}1496 \cdot \text{P}0341 \cdot \text{P}0342 \cdot \frac{\mathrm{d}n}{\mathrm{d}t}$$

它通过一个适配元件直接作为附加控制量(用 P1496 使能)送入电流调节器。在快速调试或完全的参数设置(P0340=1)期间直接计算电机的惯性力矩 P0341。总惯性力矩同电机惯性力矩间的系数 P0342 必须手动确定。

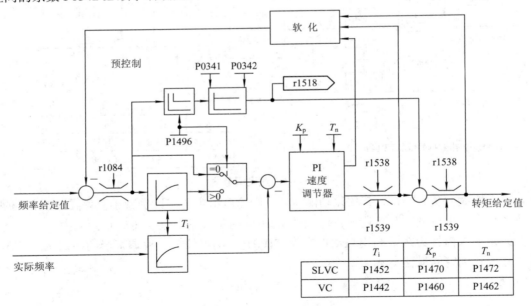

图 3-2-5　带预控制的速度控制器

在正确的匹配情况下，速度调节器仅需去校正在其控制环中的噪声/干扰，而且用一个相对低的控制量的变化便能实现。换句话说，速度给定值变更旁路了速度调节器，因而它能更快地执行。利用预控制系数 P1496，根据实际应用，可以适配预控制量的作用。当

P1496 = 100%时，预控制按电机和负载的惯性力矩(P0341，P0342)进行计算。为使速度调节器不再阻止输入的转矩给定值，自动使用一个补偿滤波器。补偿滤波器的时间常数同速度控制环的等效延时时间相适应。如果速度调节器的 $I$ 分量(r1482)在斜坡上升或斜坡下降期间($n > 20\% \times$ P0310)不变化，则速度调节器预控制为正确设定(P1496 = 100%时，通过 P0342 计算)。这意味着，利用预控制，可以无超调地逼近一个新的速度给定值(前提条件：转矩限幅不干预且惯性力矩为恒定)。

如果速度调节器是预控制，则速度给定值(r0062)用同实际值(r1445)相同的滤波(P1442 或 P1452)来延迟。确保在加速时，在速度调节器输入点上设有给定值与实际值之差(r0064)。当速度预控制激活，则必须确保，速度给定值连续地输入且没有任何明显噪声电平(避免转矩冲击)。

西门子 MM430 变频器 PID 控制器的有关参数如表 3-2-2 所示。

表 3-2-2　西门子 MM430 变频器 PID 控制器参数

| 参数号 | 参 数 名 称 | 缺省值 | 用户访问级 |
|---|---|---|---|
| P2200 | 允许 PID 控制投入 | 0 | 2 |
| P2253 | PID 设定值输入的信号源 | 0 | 2 |
| P2254 | PID 微调信号源 | 0 | 3 |
| P2255 | PID 设定值的增益因子 | 100.0 | 3 |
| P2256 | PID 微调的增益因子 | 100.0 | 3 |
| P2257 | PID 设定值的斜坡上升时间 | 1.00 | 2 |
| P2258 | PID 设定值的斜坡下降时间 | 1.00 | 2 |
| P2261 | PID 设定值滤波器的时间常数 | 0.00 | 3 |
| P2263 | PID 控制器的类型(0：反馈信号的为分量；1：误差信号的为分量) | 0 | 3 |
| P2264 | CI：PID 反馈(755：模拟输入 1) | 755：1 | 2 |
| P2265 | PID 反馈信号滤波器的时间常数 | 0.00 | 2 |
| P2267 | PID 反馈的最大值 | 100.00 | 3 |
| P2268 | PID 反馈的最小值 | 0.00 | 3 |
| P2269 | PID 的增益系数 | 100.0 | 3 |
| P2270 | PID 反馈的功能选择器(0：禁止) | 0 | 3 |
| P2271 | PID 变送器的类型(0：默认值，负反馈) | 0 | 2 |
| P2274 | PID 的微分时间 | 0.00 | 2 |
| P2280 | PID 的比例增益系数 | 3.000 | 2 |
| P2285 | PID 的积分时间 | 0.000 | 2 |
| P2291 | PID 输出上限 | 100.00 | 2 |
| P2292 | PID 输出下限 | 0.00 | 2 |
| P2293 | PID 限幅值的斜坡上升/下降时间 | 1.00 | 3 |

## 三、项目解决方案

### 1. 系统组成

恒压供水系统如图 3-2-6 所示，系统由蓄水池、液位传感器、变频器和市政管网等组成。

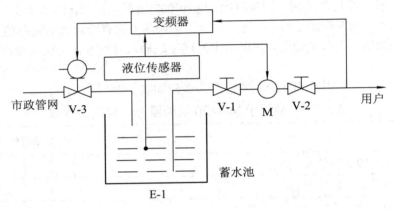

图 3-2-6 恒压供水系统

系统具有控制水泵出口总管压力恒定供水功能，通过安装在出水总管上的压力传感器，可将水管中的压力变化传送给变频器，变频器的当前值与设定值进行比较，并根据变频器内置的 PID 功能进行数据处理，最后，将数据处理的结果以运行频率的形式进行输出。当供水的压力低于设定压力时，变频器就会将运行频率升高，反之则降低，并且可以根据压力变化的快慢进行差分调节。由于恒压供水系统采取了负反馈，当压力上升到接近设定值时，反馈值接近设定值，偏差减小，PID 运算会自动减小执行量，从而降低变频器输出频率的波动，进而稳定压力。

压力传感器的连接图如图 3-2-7 所示。

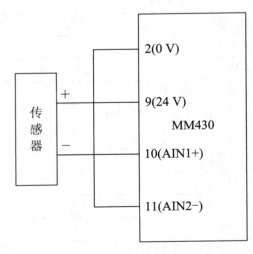

图 3-2-7 压力传感器的连接图

系统主电路图如图 3-2-8 所示。系统为一拖一的恒压供水，两台电动机互为备用设备，可选择使用 1# 泵或 2# 泵运行。

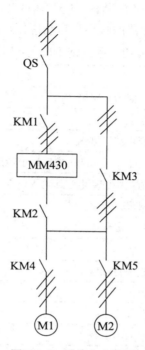

图 3-2-8　系统主电路图

## 2. 参数设定及调试

1) 硬件组成

系统硬件组成如下：

(1) 电动机参数。

额定功率：25 kW；

额定电压：380 V；

额定电流：40 A；

额定转速：2800 r/min；

额定频率：50 Hz。

(2) 变频器型号：MM440-6SE64430-2AD33-0DA0；

额定功率：30 kW；

额定电流：62 A。

(3) 压力传感器型号：GYG2000；

反馈信号：4～20 mA；

供电电压：+24 V；

量程：0～0.5 MPa。

在本系统中，PID 设定值、已激活的 PID 设定值均采用固定给定值。PID 反馈值 P2264 可选择的源为模拟输入 1 或模拟输入 2。

2) 参数设定

系统的 PID 参数设定如表 3-2-3 所示。变频器在运行过程中，反馈回来的信号与主设定值进行比较，如果反馈值小于主设定值时，变频器的频率会自动增大，以提高目标压力；如果反馈值大于主设定值时，变频器的频率会自动降低，以降低目标压力。

表 3-2-3　系统的 PID 参数设定

| 参数号 | 设置值 | 说　明 |
|---|---|---|
| P0003 | 3 | 设用户访问级为专家级 |
| P0004 | 0 | 显示全部参数 |
| P0700 | 2 | 命令源选择由端子排输入 |
| P0701 | 1 | 数字输入端子 1 为 ON 时电动机正转接通，且 OFF 时停止 |
| P1000 | 1 | 频率设定值：由电动电位计输入设定 |
| P1080 | 20 | 设定电动机最低频率 |
| P1082 | 50 | 设定电动机最高频率 |
| P2200 | 1 | PID 功能有效 |
| P2253 | 2250 | 面板键盘设定目标值 |
| P2240 | 70 | 目标设定值为 70% |
| P2257 | 1 | 设定上升时间为 1 s |
| P2258 | 1 | 设定下降时间为 1 s |
| P2264 | 755 | 反馈通道由端子 AIN+ 输入 |
| P2265 | 0 | 反馈无滤波 |
| P2267 | 100 | 反馈信号的上限为 100% |
| P2268 | 0 | 反馈信号的下限为 0% |
| P2269 | 100 | 反馈信号的增益是 100% |
| P2271 | 0 | 反馈形式正常 |
| P2280 | 10 | 比例系数 |
| P2285 | 5 | 积分时间 |
| P2291 | 100 | PID 输出上限是 100% |
| P2292 | 0 | PID 输出下限是 0% |

富士风机水泵专用变频器

变频调速技术在空气压缩机系统中的应用

# 项目三 / 数控机床的变频器控制(西门子)

## 一、项目背景及要求

　　数控机床主轴及其控制系统的性能在某种程度上决定了机床的性能和档次。机床的主轴驱动和进给驱动有较大的差别。机床的进给驱动是通过丝杠或其他直线运动装置进行的往复运动，而主轴的工作运动通常是旋转运动。数控机床通过主轴的回转运动与进给装置的进给实现刀具与工件快速的相对切削运动。

　　随着生产技术、刀具技术及加工工艺的不断发展，数控机床对主轴传动系统有了更高的要求，要求有：① 电动机功率要大，在较大的调速范围内速度要稳定，恒功率范围要宽；② 加减速时间短；③ 具有四象限驱动能力；④ 在断续负载下电动机转速波动要小。

## 二、知识讲座

### (一) 矢量控制

#### 1. 基本原理

数控机床的变频控制

　　矢量控制(Vector Control)的基本原理是通过测量和控制异步电动机定子电流矢量，根据磁场定向原理对异步电动机的励磁电流和转矩电流分别进行控制，从而达到控制异步电动机转矩的目的。具体是将异步电动机的定子电流矢量分解为产生磁场的电流分量(励磁电流)和产生转矩的电流分量(转矩电流)，并分别加以控制，且同时控制两分量间的幅值和相位，即控制定子电流矢量，因此称这种控制方式为矢量控制方式。电动机的矢量控制原理图如图 3-3-1 所示。矢量控制方式有基于转差频率控制的矢量控制方式、无速度传感器的矢量控制方式和有速度传感器的矢量控制方式等。下面先介绍基于转差频率控制的矢量控制方式。

　　基于转差频率控制的矢量控制方式是在进行 V/f 控制的基础上，通过检测异步电动机的实际转速 $n$，得到对应的控制频率 $f$，然后根据希望得到的转矩，分别控制定子电流矢量及两个分量间的相位，对通用变频器的输出频率 $f$ 进行控制的。基于转差频率控制的矢量控制方式的最大特点是可以消除动态过程中转矩电流的波动，从而提高了通用变频器的动态性能。早期的矢量控制通用变频器基本上都采用的是基于转差频率控制的矢量控制方式。

　　采用矢量控制方式的通用变频器不仅可在调速范围上与直流电动机相匹配，而且可以控制异步电动机产生的转矩。由于矢量控制方式所依据的是准确的被控异步电动机的参数，因此有的通用变频器在使用时需要准确地输入异步电动机的参数，有的通用变频器需要使用速度传感器和编码器，并须使用厂商指定的变频器专用电动机进行控制，否则难以达到

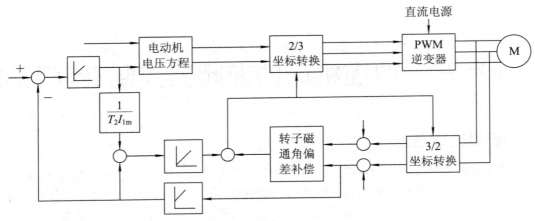

图 3-3-1　矢量控制原理框图

理想的控制效果。目前新型矢量控制通用变频器中已经具备异步电动机参数自动辨识、自适应功能，带有这种功能的通用变频器在驱动异步电动机进行正常运转之前可以自动地对异步电动机的参数进行辨识，并根据辨识结果调整控制算法中的有关参数，从而对普通的异步电动机进行有效的矢量控制。

矢量控制可分为闭环速度控制和闭环转矩控制两种方式，如表 3-3-1 所示。

表 3-3-1　矢量控制方式

| 矢量控制(闭环) | 无 编 码 器 | 带 编 码 器 |
|---|---|---|
| 闭环速度控制 | P1300 = 20，P1501 = 0 | P1300 = 21，P1501 = 0 |
| 闭环转矩控制 | P1300 = 20，P1501 = 1，P1300 = 22 | P1300 = 21，P1501 = 1，P1300 = 23 |

### 2. 矢量控制的优点

矢量控制相对于标量控制而言，主要有以下优点：

(1) 控制特性非常优良，可与直流电动机的电源电流加励磁电流调节的效果相媲美。

(2) 负载或设定值变化时达到稳定的过渡时间短。

(3) 调速范围大(1∶100)。

(4) 可进行转矩控制。

(5) 在零速时仍然可以保持全转矩输出。

(6) 驱动转矩和制动转矩的控制与速度无关。

### 3. V/f 控制和矢量控制的特点

(1) V/f 控制方式的原理图如图 3-3-2 所示。V/f 控制方式具有以下特点：

① V/f 控制方式不改变电动机的机械特性曲线，只改变电源频率，同时改变电源电压。

② V/f 控制方式，既可以是开环的，也可以是闭环的。

③ 在电源频率、电源电压一定的前提下(即以同步转速 $n_1$ 为参照系)，电动机按照它固有的机械特性，依靠转子转速 $n_2$ 的微小变化 $\Delta n_2$(即转差、转差率的变化)，获得转子的电磁转矩随负载转矩变化的大小，转子转速 $n_2$ 会发生变化是 V/f 控制方式的最大特征。

④ 在 V/f 控制方式下，电动机电磁转矩随负载转矩的变化而变化，其响应速度就是转子转速的变化$\Delta n_2$ 所对应的时间$\Delta t_2$。

⑤ V/f 控制方式，已经能够满足大多数负载对调速的要求，其机械特性保持着异步电动机原有的特性。

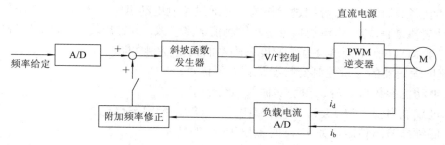

图 3-3-2　V/f 控制方式的原理图

(2) 转矩控制方式(即矢量或直接转矩控制方式)具有以下特点：

① 不改变电动机的机械特性曲线，只改变电源频率，同时改变电源电压，这和 V/f 控制方式是一样的。

② 与 V/f 控制方式一样，这种控制既可以是开环的，也可以是闭环的。

③ 在转子转速 $n_2$ 一定的前提下(即以转子为参照系)，电动机按照它固有的机械特性，依靠变频器变频，根据定子转速 $n_1$ 的微小变化$\Delta n_1$(即转差、转差率的变化)，获得转子的电磁转矩随负载转矩变化的大小，而保持转子转速 $n_2$ 恒定是转矩控制模式的最大特征。

④ 在转矩控制方式下，有一个特点就是参照系的变换，也就是坐标的变换，其物理本质就是运动的相对性。

⑤ 在转矩控制方式下，电动机电磁转矩跟随负载转矩的变化而变化，其响应速度就是定子转速的变化$\Delta n_1$ 所对应的时间$\Delta t_1$。

⑥ 转子电流的变化只与电磁转矩有关，定子电流的变化也只与电磁转矩有关，即具有矢量控制的特征。

⑦ 在转矩控制方式下，当检测到转子转速 $n_2$ 或检测到转子电流 $I_2$ 等有关负载转矩的信息后，与给定值比较放大后去控制输出频率，即控制同步转速 $n_1$，需要多个参数运算后才能准确控制。

⑧ 大多数负载并不需要采用转矩控制方式。只有在要求电动机转子转速高精度控制，且随负载大小变化的响应速度快的特定情况下，负载才需要采用转矩控制方式。

### 4. 矢量控制的使用场合

矢量控制主要在以下场合使用：

(1) 对速度精度要求很高的控制系统。

(2) 对动态响应特性要求很高的控制系统。

(3) 速度控制范围超过 1:10 时转矩仍然受控的控制系统。

(4) 在电动机额定功率的 10%以下低速时，必须能够维持某个确定转矩值的控制系统。

### 5. 无速度传感器的矢量控制方式

无速度传感器的矢量控制方式是基于磁场定向控制理论发展而来的。实现精确的磁场定向矢量控制需要在异步电动机内安装磁通检测装置，但是要在异步电动机内安装磁通检测装置是很困难的。我们发现，即使不在异步电动机中直接安装磁通检测装置，也可以在通用变频器内部得到与磁通相对应的量，并由此得到了所谓的无速度传感器的矢量控制方式。它的基本控制思想是根据输入的电动机的铭牌参数，按照转矩计算公式对作为基本控制量的励磁电流(或者磁通)和转矩电流分别进行检测，并通过控制电动机定子绕组上的电压的频率使励磁电流(或者磁通)和转矩电流的指令值和检测值达到一致，并输出转矩，从而实现矢量控制。

西门子 MM440 变频器具有无速度编码器的矢量控制功能。

无速度编码器的矢量控制变频器具有以下优点：

(1) 电动机参数自动辨识和手动输入相结合。

(2) 过载能力强，如 150% 额定输出电流、180% 额定输出电流。

(3) 低频高输出转矩，如 1 Hz 时输出 150%的转矩。

(4) 保护措施齐全(通俗地讲，就是不容易炸模块)。

无速度传感器的矢量控制变频器，不但改善了转矩控制的特性，而且改善了针对各种负载变化产生的不特定环境下的速度可控性。

### 6. 西门子 MM440 变频器矢量控制的相关参数

1) 无速度编码器的矢量控制(SLVC)

参数范围：P1400～P1780，P1610，P1611，P1755，P1756，P1758，P1750。

当使用无速度编码器的闭环速度控制时，必须根据电动机的模型确定磁通的位置和转子的实际速度。在这种情况下，需对电动机的电流、电压进行检测以支持对电动机模型的计算。0Hz(低频)时，由于在这一速度范围内模型参数的不可靠和测量的不精确，系统由闭环运行切换为开环运行，因此不能通过这一模型来确定电动机的实际速度。

利用时间和频率状态(P1755，P1756，P1758)，可在闭环控制/开环控制间进行切换(无速度编码器矢量控制的切换条件如图 3-3-3 所示)。如果在斜坡函数发生器输入的给定值频率和实际频率同时在 P1756 以下，系统则不必等待时间状态，可以立即进行切换。

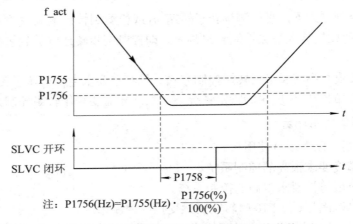

注：P1756(Hz)=P1755(Hz)·$\dfrac{P1756(\%)}{100(\%)}$

图 3-3-3  无速度编码器矢量控制的切换条件

在开环控制方式下，速度实际值同给定值一样。对于悬挂负载或在加速时，参数P1610(恒转矩提升)和 P1611(加速时转矩提升)必须更改，以使系统能提供稳态或动态负载转矩。如 P1610 设定为 0%，则仅施加励磁电流 r0331(数值为电动机额定励磁电流 P0305 的 100%)。为让传动系统在加速时不失步，P1611 应增大或对速度调节器加入一个加速预控制。这样做的目的在于使电动机在低速时不会热过载。

对于无速度编码器的矢量控制，MM440 变频器在低频范围相对于其他 AC 传动变频器有下列突出特性：

(1) 闭环控制运行可接近 1 Hz。

(2) 在闭环控制方式下能启动(在传动系统已励磁后便开始)。

(3) 在闭环控制方式下能通过低频区(0 Hz)。

2) 有速度编码器的矢量控制(VC)

参数范围：P1400～P1740，P0400～P0494。

对于有速度编码器的矢量控制，需要 1 块脉冲编码器计算板和 1 个 1024 脉冲/转的脉冲编码器。除正确接线外，还要根据编码器的类型，利用参数 P0400～P0494 或利用模板上的 DIP 开关将脉冲编码器模板激活。

西门子变频器
MM440 操作手册

有速度编码器的矢量控制变频器具有以下优点：

(1) 速度闭环控制可达到 0 Hz(即停车)。

(2) 在整个调速范围内运行速度稳定。

(3) 在额定速度范围内为恒转矩运行。

MM440 在拉丝机中
的应用

(4) 同无编码器的闭环速度控制相比，有编码器的控制系统的动态响应比较快，因为速度是直接被测量的，而且和电流分量 $i_d$、$i_q$ 的模型是结合在一起的。

## (二) 数控机床主轴控制系统

交流主轴驱动装置包括交流变频主轴驱动装置和交流伺服主轴驱动装置，两者的特性既有共同点，又有各自的特点。

### 1. 交流变频主轴驱动装置的特性

交流主轴感应式电动机与选用的主轴变频器驱动器配合，其运行区域和特性分别如图 3-3-4 和表 3-3-2 所示，在基本速度以下为恒转矩区域，而在基本速度以上为恒功率区域。

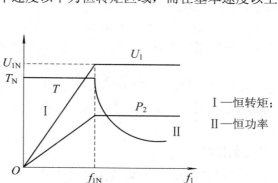

图 3-3-4　感应式电动机运行区域

表 3-3-2　交流主轴装置的特性

| 性能指标 | 符号 | 单位 | 数字(示例) |
|---|---|---|---|
| 额定功率 | $P_N$ | kW | 4.5 |
| 30 min 额定功率 | $P_{N(30\ min)}$ | kW | 5.6 |
| 基本转速 | $N_b$ | r/min | 1500 |
| 最高转速 | $N_{max}$ | r/min | 8000 |
| 转速范围 | — | r/min | 8～8000 |
| 额定转矩 | $T_N$ | N·m | 28 |
| 电动机惯量 | $J_m$ | kg·m² | 0.017 |
| 电动机质量 | $W_t$ | kg | 60 |

但有些电动机，当电动机速度超过某一定值之后，其功率速度曲线又会向下倾斜，不能保持恒功率。交流主轴电动机一般有额定功率 1.5 倍以上的过载能力，过载时间从几分钟到半个小时不等。

**2. 交流伺服主轴驱动装置的特性**

交流伺服主轴系统除了满足机床设计的切削功率及加减速功率，具有在额定转速以下的恒转矩特性和在额定转速以上的恒功率特性，还应具有伺服驱动的高动态响应和高精度调节特性，实现闭环的速度、位置控制，进行主轴的精确定向，刚性的螺纹加工，作为 C 轴的轮廓控制。因此交流伺服主轴应具有下列主要特性。

(1) 具有足够的转矩过载能力，通常应达到 150%～300%。

(2) 具有高分辨率的位置、速度、电流检测能力，比如 10 000 脉冲/转位置分辨率和 12 位的电流检测精度。

(3) 采用更快的微处理器，采样周期在速度环中降至 100 μs 以下。

(4) 主轴电动机的转矩响应减至 5 ms 以内，减小负载扰动的动态降速和恢复时间，其 PWM 的开关频率应在 8～10 kHz 以上。

(5) 主轴电动机驱动器具有四象限运行功能，使主轴能够频繁启动、制动。在动态制动下，通常采用再生能量反馈制动方式，保证足够的制动功率，并将系统功率反馈到电源系统。

交流伺服主轴系统的电动机，可采用感应式电动机，其控制方式应具有位置、速度反馈的矢量控制或直接转矩控制；也可采用永磁式同步电动机，其控制方式应具有磁场可减弱的矢量控制方式。

**3. 主轴驱动装置的接口**

主轴驱动装置的接口与进给驱动装置的接口有许多相似之处，进给驱动装置具备的接口，在主轴驱动装置上一般都可以找到，但在接口上主轴驱动装置又具有自身的特点。相对于进给驱动装置，主轴驱动装置的接口具有以下特点。

(1) 输入电源接口。一般采用交流电源供电，输入电源的范围包括三相交流 460 V、400 V、380 V、230 V、200 V，单相 230 V、220 V、100 V 等。为了实现大功率输出，主轴驱动装置通常是不低于 230 V 的三相交流电源。

(2) 电动机运行指令接口。因为进给电动机主要用于位置控制，因此进给驱动装置一般都具备和采用脉冲信号作为指令输入，以控制电动机的旋转速度和方向，而不提供单独的开关量接口。主轴电动机主要用于速度控制，因此主轴驱动装置一般都具备和采用 0～10 V 模拟电压作为速度指令，由开关量控制旋转方向，而不提供脉冲指令输入接口。很多主轴驱动装置也接收 –10～+10 V 模拟电压以及 –20～+20 mA 模拟电流作为速度指令，其中，信号幅值控制转速，信号极性控制旋转方向。

(3) 驱动装置及电动机运行状态控制接口。主轴驱动装置都提供控制电动机正/反转的开关量接口，进给驱动装置一般不提供此开关量接口，而是采用脉冲信号作为指令的，只有当脉冲指令类型为"脉冲 + 方向"时，才可以把方向信号理解为改变电动机方向的控制指令。而且主轴驱动装置的方向控制接口是和速度模拟指令接口一起出现的，接口多是 DC 24 V 开关量接口；进给驱动装置的"方向"控制指令多是和"脉冲"信号一起出现的，指令多是 DC 5 V 数字信号。

(4) 反馈接口。由于主轴对位置控制的精度并不非常高，因此对与位置控制精度密切相关的反馈装置要求也不高，主轴电动机或主轴多数采用 1000 线的编码器，而进给驱动电动机则至少采用 2000 线的编码器。

## 三、项目解决方案

CJK6032 数控车床采用华中数控 HNC-21T 系统，变频器相关的连接图如图 3-3-5 所示。

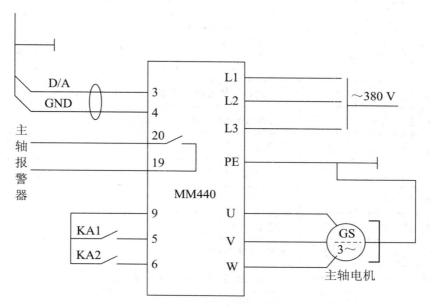

图 3-3-5　变频器相关的连接图

### 1. 主轴速度信号处理

数控装置在执行来自控制面板或者零件加工程序中的主轴运行指令时，先将主轴运行指令进行编译、运算和逻辑处理后从数控装置的主轴驱动接口输出主轴速度信号作为变频器的模拟给定，端子 3 和端子 4 为主轴控制信号输入端，模拟信号的输入范围为 0~10 V，这个速度信号的大小直接决定着变频器输出的频率和主轴电动机的速度。

### 2. 主轴方向信号的处理

主轴电动机的旋转方向由 PLC 输出控制，数字端子 5 控制电动机的正转，数字端子 6 控制电动机的反转。当数控装置发出正转信号时，KA1 动作，其常开触点闭合，向变频器送入正转控制信号，电动机正转。当数控装置发出反转信号时，KA2 动作，其常开触点闭合，向变频器送入反转控制信号，电动机反转。

### 3. 参数设置

变频器基本参数设置如表 3-3-3 所示。

**表 3-3-3　变频器基本参数设置**

| 参数号 | 出厂值 | 设置值 | 说　　明 |
| --- | --- | --- | --- |
| P0003 | 1 | 1 | 设用户访问级为标准级 |
| P0004 | 0 | 7 | 访问命令和 I/O |
| P0700 | 2 | 2 | 命令源选择由端子排输入 |
| P0003 | 1 | 2 | 设用户访问级为扩展级 |
| P0004 | 0 | 7 | 访问命令和 I/O |
| P0701 | 1 | 1 | 数字输入端子 1 为 ON 时电动机正转接通，为 OFF 时停止 |
| P0702 | 1 | 2 | 数字输入端子 1 为 ON 时电动机反转接通，为 OFF 时停止 |
| P0003 | 1 | 1 | 设用户访问级为标准级 |
| P0004 | 0 | 10 | 访问设定值通道和斜坡函数发生器 |
| P1000 | 2 | 1 | 频率设定值：由电动电位计输入设定 |
| P1080 | 0 | 0 | 设定电动机最低频率 |
| P1082 | 50 | 50 | 设定电动机最高频率 |
| P1120 | 10 | 10 | 斜坡上升时间 |
| P1121 | 10 | 10 | 斜坡下降时间 |
| P0003 | 1 | 2 | 设用户访问级为扩展级 |
| P0004 | 0 | 10 | 访问设定值通道和斜坡函数发生器 |
| P1040 | 5 | 20 | 设定键盘控制的频率值 |

### 4．接地处理

数控机床工作环境中的电磁和噪声干扰是很严重的，作为精密加工设备的数控机床，其主轴驱动器必须采取有效的抗干扰措施。对变频器而言，其自身就是一个较强的干扰源，同时也受其他电气设备的电磁干扰。接地是抑制电磁干扰，提高电气设备电磁兼容性的重要手段。因此对变频器采取正确的接地措施，不仅可以有效地抑制外来干扰，同时还能降低变频器本身对外界的干扰。

艾默生变频器在龙门刨床上的应用

MM440 变频器在自动化立体仓库中堆垛机上的应用

# 项目四 传送带的变速控制(西门子)

## 一、项目背景及要求

随着工业自动化的步伐逐渐加快,流水线已经在各种制造业和企业中运用。对流水线中传送带的要求是:在加工生产时,物料能可靠、迅速地停在指定的加工位置,这就要求皮带传送时有多种速度变化。

全自动灌装机是饮料生产线上的重要设备之一,它有一系列严格的工艺流程,例如,什么时候进瓶、出瓶,什么时候灌装头上升、下降,什么时候灌装,灌装料量是多少,进瓶时的传送带速度,出瓶时的传送带速度,加速时间和减速时间等,由变频器结合传感器和 PLC 的使用对其进行控制,将输送带上送来的空瓶灌装一定剂量的液体饮料后平稳、高效地供给下一道工序。变频器在灌装工艺中起着非常重要的作用。

某饮料厂灌装传送带上设有灌装、加盖和贴标签等环节,此传送带属于间歇传送带,电动机额定功率 7.5 kW、额定转速 960 r/min,采用变频器调速系统,设计其控制方案。

## 二、知识讲座

### (一) 传送带的分类

传送带的变速控制

传送带一般按是否有牵引件来进行分类。具有牵引件的传送带一般包括牵引件、承载构件、驱动装置、张紧装置、改向装置和支承件等。牵引件用以传递牵引力,可采用输送带、牵引链或钢丝绳;承载构件用以承放物料,有料斗、托架或吊具等;驱动装置给输送机以动力,一般由电动机、减速器和制动器(停止器)等组成;张紧装置一般有螺杆式和重锤式两种,可使牵引件保持一定的张力和垂度,以保证传送带正常运转;支承件用以承托牵引件或承载构件,可采用托辊、滚轮等。

具有牵引件的传送带设备的结构特点是:被运送物料装在与牵引件连接在一起的承载构件内,或直接装在牵引件(如输送带)上,牵引件绕过各滚筒或链轮首尾相连,形成包括运送物料的有载分支和不运送物料的无载分支的闭合环路,利用牵引件的连续运动输送物料。这类的传送带设备种类繁多,主要有带式输送机、板式输送机、小车式输送机、自动扶梯、自动人行道、刮板输送机、埋刮板输送机、斗式输送机、斗式提升机、悬挂输送机和架空索道等。

没有牵引件的传送带设备的结构组成各不相同,用来输送物料的工作构件亦不相同。它们的结构特点是:利用工作构件的旋转运动或往复运动,或利用介质在管道中的流动使物料向前输送。例如,辊子输送机的工作构件为一系列辊子,辊子进行旋转运动以输送物料;螺旋输送机的工作构件为螺旋,螺旋在料槽中进行旋转运动以沿料槽推送物料;振动输送机的工作构件为料槽，料槽进行往复运动以输送置于其中的物料等。

## （二）带式输送机的主要结构

### 1. 输送带

输送带在带式输送机中既是承载构件又是牵引件，它不仅要有承载能力，还要有足够的强度。输送带由芯体和覆盖层构成，芯体承受拉力，覆盖层保护芯体不受损伤和腐蚀。芯体的材料有织物和钢丝绳两类。织物芯体有多层帆布黏合及整体编织两种构成方法。织物芯体的材质有棉、涤纶和尼龙。

### 2. 托辊和支架

托辊和支架的作用是支撑胶带和胶带上所承载的物料，使胶带保持在一定垂度下平稳地运行。托辊沿输送机全长分布，数量很多，它的工作情况好坏直接影响输送机运行。托辊的制造质量主要表现为旋转阻力和使用寿命。托辊由中心轴、轴承和套筒三部分组成。重载侧胶带在三托辊槽形托辊上运行。外面的两个托辊设置成 20°、35° 和 45° 等不同槽角。

合理选择槽角可使胶带上的物料横断面积增大，运输量也随之增大。托辊的间距应保证胶带在托辊间的下垂度尽可能地小。胶带在托辊间的下垂度一般不超过托辊间距的 1%。下托辊间距可取 2.5～3 m 或取上托辊标准间距的 2 倍。支架可用钢板冲压而成，重型的要用槽钢制成，两侧支脚要有足够的刚度。

### 3. 传动装置

传动装置是将电动机的转矩传给胶带，使胶带连续运动的装置。它由电动机、传动滚筒、联轴器、减速器等组成。随着输送机运输能力的提高，运输距离的加长，电动机的功率在不断增加，传动所用电动机的数量也在逐渐增多。采用多电动机传动可以减少传动装置的高度和宽度。

传动滚筒是传递动力的主要部件，它有单滚筒和双滚筒之分。单滚筒传动具有传动系统简单、部件少的优点。但在矿井下，为了结构紧凑，增大包角，以适应井下的不利条件，常采用双滚筒传动。传动滚筒用钢板焊接或用钢铸成，其表面有光面、包胶和铸胶等三种。在功率不大、环境湿度小的情况下，采用光面滚筒；在功率大、环境潮湿的情况下，则采用胶面滚筒，以防止胶带在滚筒上打滑。

### 4. 拉紧装置

拉紧装置的作用是保证胶带具有足够的张力，使滚筒和胶带产生必要的摩擦力，限制胶带在各支架间的垂度，使输送机正常工作。常用的拉紧装置有机械拉紧式、螺杆张紧式和重锤拉紧式。

### 5. 清扫装置

带式输送机运转时，清扫胶带、滚筒和托辊上的脏污非常重要，因为脏污会引起胶带跑偏和运转部件严重磨损。清扫胶带脏污面的方法通常是在卸载滚筒的后面设置刮板，另一种方法是在卸载滚筒的底部装设回转刷。

## (三) 传送带常见问题

**故障现象 1：电动机不能启动或启动后就立即慢下来。**

产生原因：造成这种现象的原因主要表现在以下方面：

(1) 线路故障。

(2) 保护电控系统闭锁。

(3) 接触器故障。

(4) 电压下降。

处理方法：在这种情况下，应及时检查线路，检查跑偏、限位、沿线停车等保护；检查电压，检查过负荷继电器。

**故障现象 2：电动机发热。**

产生原因：由于超载、超长度或输送带受摩擦等因素，运行阻力增大，电动机超负荷运行；传动系统润滑条件不良，也会导致电动机功率增加；电动机风扇进风口或径向垫片中堆积灰尘后，也会使散热环境恶化。

处理方法：找出超负荷运行的原因；各传动部位及时补充润滑剂；清除灰尘。

**故障现象 3：输送带跑偏。**

产生原因：传送带运行时输送带跑偏是最常见的故障之一。跑偏的原因有多种，其主要原因是安装精度低和日常的维护保养差。安装过程中，头尾滚筒、中间托辊之间尽量在同一中心线上，并且相互平行，以确保输送带不偏或少偏。另外，带子接头要正确，两侧周长应相同。

处理方法：在使用过程中，如果出现跑偏，则要做以下检查以确定原因并进行调整。

(1) 检查托辊横向中心线与带式输送机纵向中心线的不重合度。如果不重合度值超过 3 mm，则应利用托辊组两侧的长孔形安装孔对其进行调整。具体方法是输送带偏向哪一侧，托辊组的那一侧就要向输送带前进的方向前移，或向另外一侧后移。

(2) 检查头、尾机架安装轴承座的两个平面的偏差值。若两平面的偏差大于 1 mm，则应将两平面调整在同一平面内。头部滚筒的调整方法是：若输送带向滚筒的右侧跑偏，则滚筒右侧的轴承座应当向前移动或左侧轴承座后移；若输送带向滚筒的左侧跑偏，则滚筒左侧的轴承座应当向前移动或右侧轴承座后移。尾部滚筒的调整方法与头部滚筒相反。

(3) 检查物料在输送带上的位置。物料在输送带横断面上不居中，将导致输送带跑偏。如果物料偏到右侧，则皮带向左侧跑偏，反之亦然。因此在使用时应尽可能地让物料居中。为减少或避免此类输送带跑偏，可增加挡料板，以改变物料的方向和位置。

**故障现象 4：输送带老化撕裂问题。**

产生原因与处理方法：输送带跑偏后会与机架摩擦，产生带边拉毛、开裂，应及时调整，避免输送带长期跑偏；输送带与固定硬物接触会产生撕裂，所以要防止输送带碰到固定构件上或输送带中掉进金属构件；张紧力过大、铺设过短会使挠曲次数超过限值，产生提前老化。

**故障现象 5：断带问题。**

产生原因与处理方法：带体材质不适应，遇水、遇冷时变得硬脆，应选用机械物理性能稳定的材质制作带芯；输送带长期使用使强度变差，须及时更换破损或老化的输送带；经常观察接头，发现问题应及时处理。

**故障现象 6：托辊不转。**

产生原因与处理方法：

(1) 托辊与输送带不接触时，应垫高托辊位置，使之与输送带接触。

(2) 托辊外壳被物料卡阻，或托辊端面与托辊支座接触时，须清除物料，接触部位加垫圈或校正托辊支座，使端面脱离接触。

(3) 托辊密封不佳，使煤末进入轴承而引起轴承卡阻时，应拆开托辊及时清洗。

**故障现象 7：打滑问题。**

产生原因与处理方法：输送带张紧力不足、负载过大造成皮带打滑时，应重新调整张紧力，减少运输量；淋水会使滚筒与输送带之间摩擦系数降低，此时应干燥处理，增大张紧力，采用花纹胶面滚筒。

**故障现象 8：其他常见问题。**

产生原因与处理方法：传送带除了上述跑偏问题，还经常出现磨损、划伤、破损和搭接部位开裂等问题，这些设备问题的出现不仅加快了传送带的损坏，而且造成物料的漏撒和浪费。通常出现传送带设备问题以后，企业都是通过缝补、加热硫化或者报废更新，这些方式都不能很好地解决设备问题，报废更新更是造成了设备采购成本的增加。欧美国家通过对高分子复合材料的研究，发现高分子橡胶材料针对传送带磨损、划伤、破损和搭接部位开裂等问题可进行有效解决，在现场快速修复。

带式输送机是含有挠性牵引构件的连续运输机械。由于其运输能力大，运行阻力小，耗电量低，运行平稳，运行中对物料的破碎性小，连续运行容易实现自动控制。因此，被广泛应用于国民经济各个领域。但在使用过程中，也存在许多问题。应掌握合理的操作方法，及时调整各个环节，以保证带式输送机发挥其应有的作用。

# 三、项目解决方案

## 1. 系统控制分析

要求 PLC 根据瓶流速度通过变频器控制传送带的速度，也就是 PLC 根据瓶流情况选择多段速控制，做到传送带速度与灌装机速度很好地匹配。

在灌装速度不变的情况下，瓶流速度必须与灌装速度保持一致，为了保持一致，本系统采用光电检测开关检测瓶流速度，光电传感器把检测到的瓶流速度脉冲输入到 PLC，不同的瓶流速度对应变频器不同的输出频率。PLC 的输出端子控制变频器的多段速控制端，实现速度的调整，达到与灌装速度相匹配。传送带系统控制原理图如图 3-4-1 所示。

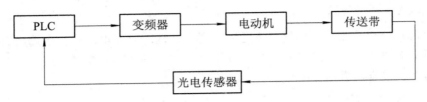

图 3-4-1　传送带控制系统原理图

## 2．系统设计思路

传送带系统利用 PLC 和变频器控制电动机带动传送带，然后将要灌装的饮料瓶传送给灌装机，达到瓶流速度和灌装速度的协调，从而提高工作效率，传送带系统工艺流程图如图 3-4-2 所示。

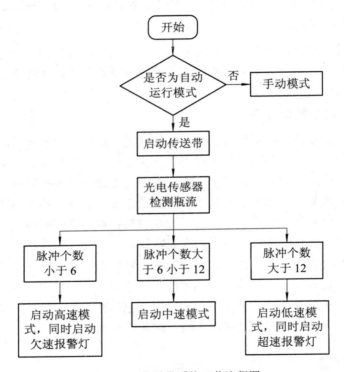

图 3-4-2　传送带系统工艺流程图

系统启动后按下电动机正转开关，电动机开始转动，带动皮带传动，待灌装的饮料瓶在皮带的传动作用下经过光电传感器，传感器对瓶子进行计数后送往 PLC 进行数据处理，处理后得到的瓶流速度和 PLC 存储器里面设定的值进行比较，判断是否需要进行调速。如果不需要调速，电动机按照原来的速度运转；如果需要进行调速，则 PLC 输出控制信号给变频器多段速调速控制端，变频器接收到 PLC 传送过来的控制信号后输出相应频率对电动机进行变频调速。

## 3．系统设计

传送带系统控制图如图 3-4-3 所示。本系统选用三菱 FX$_{2N}$-48MR PLC 和三菱 FR-A740-11K-CH 变频器作为主要控制器件。

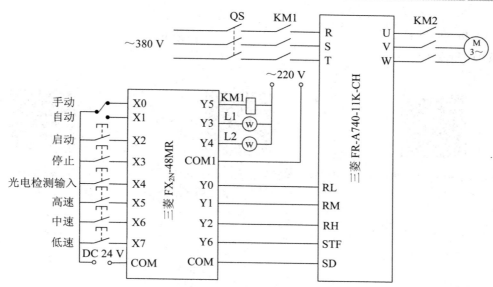

图 3-4-3　传送带系统控制图

1）PLC 控制系统设计

系统 I/O 分配如表 3-4-1 所示。

表 3-4-1　系统 I/O 分配

| 输　　　入 | | | 输　　　出 | | |
|---|---|---|---|---|---|
| 输入元件 | 作　用 | 输入继电器 | 输出元件 | 作　用 | 输出继电器 |
| SA | 手动选择开关 | X0 | RL | 启动低速运行 | Y0 |
| | 自动选择开关 | X1 | RM | 启动中速运行 | Y1 |
| SB1 | 启动按钮 | X2 | RH | 启动高速运行 | Y2 |
| SB2 | 停止按钮 | X3 | L1 | 高速报警灯 L1 | Y3 |
| SB3 | 计数检测 | X4 | L2 | 低速报警灯 L2 | Y4 |
| SB4 | 高速按钮 | X5 | STF | 正转输入 | Y6 |
| SB5 | 中速按钮 | X6 | | | |
| SB6 | 低速按钮 | X7 | | | |

2）变频器参数设置

(1) 上限频率 Pr.1 = 50 Hz。

(2) 下限频率 Pr.2 = 0 Hz。

(3) 基底频率 Pr.3 = 50 Hz。

(4) 加速时间 Pr.7 = 2 s。

(5) 减速时间 Pr.8 = 2 s。

(6) 电子过电流保护 Pr.9 = 电动机的额定电流。

(7) 操作模式选择(组合)Pr.79 = 3。

(8) Pr.4 = 10 Hz。

(9) Pr.5 = 25 Hz。

(10) Pr.6 = 45 Hz。

变频器在中央空调中的应用

PLC 模拟量控制在变频调速中的应用

艾默生 CT 变频器应用案例

# 项目五　提升机的制动控制(西门子)

## 一、项目背景及要求

　　矿井提升机是机、电、液一体化的大型机械,广泛用于煤矿的立、斜井,是生产运输的主要工具,其主要任务是提升煤炭,运送人员、设备和材料等。对矿井提升机的运行要求为:低速运行平稳、位置控制准确。

## 二、知识讲座

### (一) 提升机控制系统

提升机控制系统

　　提升机电控系统由主控系统、变频调速控制系统、上位机监控系统和主电动机等组成。提升机电控系统如图 3-5-1 所示。

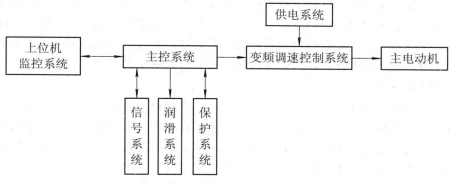

图 3-5-1　提升机电控系统

### 1. 主控系统

　　矿井提升机主控系统是矿井提升机电控系统的核心,它综合信号系统、深度指示系统、传动系统、上位机监控系统及其他设备的各种信号、数据,对提升机及相关设备的工作状况进行实时监控,完成提升机由启动、加速、减速、爬行到停车整个运行过程的逻辑控制,即开关量控制。主控系统在控制过程中,要实时将提升机运行中速度大小、电流情况等与其他控制子系统或监视系统进行交互,共同完成对提升机的控制。

### 2. 变频调速控制系统

　　变频调速控制系统是控制系统的执行者,主电动机的启动、加速、减速和爬行等动作都由变频调速控制系统根据主控系统发出的指令进行控制。变频调速控制系统主要由 PLC 根据程序的运行情况进行控制。

### 3. 上位机监控系统

上位机监控系统可实现对矿井提升机的监视及故障诊断，提高提升机的可靠性和可维护性，从而保证安全生产，提高生产效率。人机交互界面利用专用组态软件开发，其监控画面可以直观地反映工作状态与流程。监控系统可通过 RS-232 接口与 PLC 实时通信，达到监视、控制同步进行。

### 4. 保护系统

保护系统设有过卷、等速超速、定点超速、PLC 编码器断线、错向、传动系统故障及自动限速等保护功能。安全保护通过硬件与软件的结合来实现，保护电路相互冗余与闭锁，一条断开时，另一条也同时断开。硬安全回路通过硬件回路实现，软安全回路在 PLC 软件中搭建，与硬安全回路相同并且同时动作。

## (二) 回馈制动

目前，交流变频调速系统广泛采用能耗制动，存在浪费电能、电阻发热严重和快速制动性差等缺点。而在异步电动机频繁制动时，回馈制动是一种非常有效的节能方法，并且能够避免在制动时对环境及设备的破坏，在电力机车、采油等行业中取得了令人满意的效果。在新型电力电子器件不断出现、性价比不断提高及人们节能降耗意识增强的情况下，回馈制动有着广泛的应用前景。

能量回馈制动装置特别适用于电动机功率较大(如大于等于 100 kW 以上)，设备的转动惯量 $GD^2$ 较大，属反复短时连续工作制，从高速到低速的减速降幅较大，制动时间短，又要强力制动的场合。为了提高节电效果，减少制动过程的能量损耗，将减速能量回收反馈到电网去，以达到节能的功效，回馈制动是常采用的一种方式。

### 1. 回馈制动原理

在交流变频调速系统中，电动机的降速和停车是通过逐渐减小频率来实现的，在频率减小的瞬间，电动机的同步转速随之下降，而由于机械惯性的原因，电动机的转子转速未变，它的转速变化需要一定时间，具有滞后性，这时会出现实际转速大于给定转速，从而产生电动机反电动势 $e$ 高于变频器直流端电压 $u$ 的情况，即 $e > u$。这时电动机就变成发电机，非但不要电网供电，反而能向电网送电，这样既有良好的制动效果，又将动能转变为电能，向电网送电而达到回收能量的效果，一举两得。当然，这必须有一套能量回馈装置单元进行自动控制才能做到。变频器回馈制动电路的原理框图如图 3-5-2 所示。另外，能量回馈制动电路还应包括交流电抗器、直流电抗器、阻容吸收器和电子开关器等。

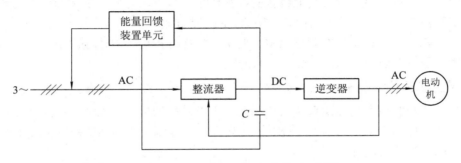

图 3-5-2　变频器回馈制动电路的原理框图

一般通用变频器中的桥式整流电路是三相不可控的，因此无法实现直流回路与电源间双向能量传递，解决这个问题的最有效方法是采用有源逆变技术，整流器部分采用可逆整流器，又称为网侧变流器。通过对网侧变流器的控制将再生电能逆变为与电网同频率、同相位的交流电回馈电网，从而实现制动。以前有源逆变单元主要采用晶闸管电路，这种电路只有在不易发生故障的稳定电网电压下(电网电压波动不大于 10%)，变流器才能安全地进行回馈运行。因为在发电制动运行时，若电网电压制动时间大于 2 ms，则可能发生换相失败，损坏器件。另外，采用这种方式控制时，功率因数低、谐波含量高和换相重叠将引起电网电压波形畸变，同时控制复杂，成本较高。随着全控型器件的实用化，人们又研究出斩控式可逆变流器，采用 PWM 控制方式。这样，网侧变流器的结构与逆变器的结构完全相同，都采用 PWM 控制方式。

### 2. 控制算法

能量回馈变频器的网侧变流器的控制算法通常采用如图 3-5-3 所示的矢量控制算法。

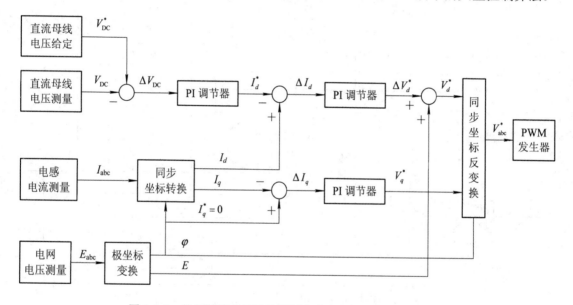

图 3-5-3　能量回馈变频器的网侧变流器的矢量控制算法框图

在图 3-5-3 中，$V_{DC}$、$V_{DC}^*$ 和 $\Delta V_{DC}$ 分别表示直流母线电压的测量值、给定值和控制误差；$I_d$、$I_d^*$ 和 $\Delta I_d$ 分别表示网侧逆变器 $d$ 轴电流的测量值、给定值和控制误差；$I_q$、$I_q^*$ 和 $\Delta I_q$ 分别表示网侧变流器 $q$ 轴电流的测量值、给定值和控制误差；$\Delta V_d^*$、$V_d^*$ 和 $V_q^*$ 分别表示网侧变流器的 $d$ 轴输出电压偏差给定值、$d$ 轴输出电压给定值和 $q$ 轴输出电压给定值；$E_{abc}$、$V_{abc}^*$ 和 $I_{abc}$ 分别表示电网电势、网侧变流器输出电压的瞬时给定值和输出电流的三相瞬时值；$E$、$\varphi$ 分别表示电网电势的幅值和相位。

矢量控制算法将实测的直流母线电压与给定值之差，通过 PI 调节器，得到 $d$ 轴电流的给定值；然后根据测量到的电网电压的相位，对实测的网侧变流器输出电流进行同步坐标变换，得到 $d$ 轴电流和 $q$ 轴电流的实测值，对其进行 PI 调节后将 $d$ 轴电压与电网电压幅值相加，得到 $d$ 轴电压和 $q$ 轴电压的给定值，经过同步坐标反变换后输出。

矢量控制算法的优点是控制精度高，动态响应好；缺点是控制算法中坐标变换较多，算法较复杂，对控制处理器计算能力要求较高。

控制处理器计算能力较低的设备也可以采用简化的电流控制算法，如图 3-5-4 所示。由图 3-5-4 可知，它采用了电流追踪型 PWM 整流器组成方式。这种简化的算法直接将 $d$ 轴电流给定值与用测量到的电网电压相位查表得到的三相正弦基准值相乘，得到三相输出电流的给定值，然后进行简单的 PI 调节得到三相输出电压的给定值并输出。由于该算法省略了坐标变换的计算，因而对控制处理器的计算能力要求较低。另外，由于 PI 调节器本身的特性决定了其对交流量的控制存在一定的稳态误差，因此这种算法的功率因数低于标准矢量控制算法。在动态过程中，直流母线电压的波动相对较大，快速动态过程中发生直流母线电压故障的概率相对较高。

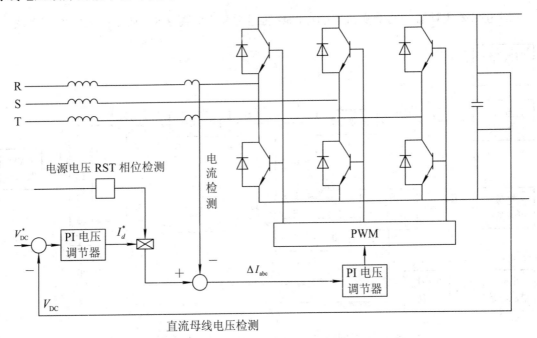

图 3-5-4　能量回馈变频器的网侧变流器的电流控制算法框图

### 3. 回馈制动特点

严格地讲，不能简单地把网侧变流器称为"整流器"，因为它既可以作为整流器工作，又可以作为逆变器工作。由于采用了自关断器件，通过恰当的 PWM 模式，可对交流电流的大小和相位进行控制，使输入电流接近正弦波，并使系统的功率因数总是接近于 1。当电动机减速制动，从逆变器返回的再生功率使直流电压升高时，可以使交流输入电流的相位与电源电压相位相反，以实现再生运行，并将再生功率回馈到交流电网中，系统仍能将直流电压保持在给定值上。这种情况下，网侧变流器工作在有源逆变状态。这样就容易实现功率的双向流动，且具有很快的动态响应速度，同时这样的拓扑结构使得系统能够完全控制交流侧和直流侧之间的无功和有功功率的交换，且效率可高达 97%，经济效益较大，热损耗为能耗制动的 1%，同时不污染电网，功率因数约等于 1，具有绿色环保的特点。所以，回馈制动可广泛应用于 PWM 交流传动的能量回馈制动场合的节能运行，特别适用于需要频繁制动的场合，电动机的功率也较大，这时节电效果明显，按运行的工况条件不同，平均节电约有 20%。回馈制动的唯一不足是控制系统结构复杂。

## 三、项目解决方案

### 1. 总体设计方案

基于 PLC 技术的矿井提升机电控系统如图 3-5-5 所示，该系统中高压主电路部分仍采用传统的继电器控制电路。

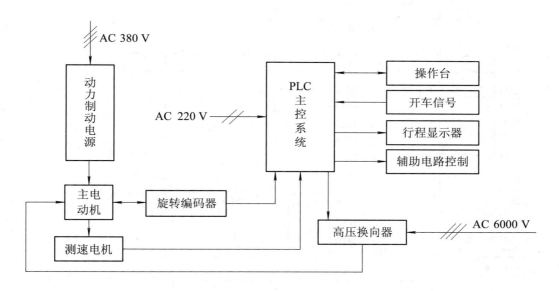

图 3-5-5　矿井提升机电控系统

矿井提升机电控系统的工作过程是：在井口或井底通过信号通信电路发出开车信号后，开车条件具备。司机将制动手柄向前推离紧闸位置，主电动机松闸。司机将主令控制器的操作手柄推向正向(或反向)极端位置，PLC 主控系统通过程序控制高压换向器首先得电，使高压信号送入主电动机定子绕组，主电动机接入的全部转子电阻启动，然后依次切除 8 段电阻，实现自动加速，最后进行自然机械特性运行。矿井提升机运行时，旋转编码器跟随主电动机转动，输出两列 a、b 相脉冲，分别接到 PLC 主控系统的高速计数器 HSC0 的 a、b 相脉冲输入端，由 PLC 主控系统根据 a、b 相脉冲的相位关系，自动确定 HSC0 的加、减计数方式。根据 HSC0 的计数值，就可以计算出提升行程并显示。根据旋转编码器输出的 a 相脉冲，PLC 主控系统就可以进行加计数。根据 HSC1 在恒定间隔时间内的计数值，就可以计算出提升速度。

### 2. 硬件设计

1) PLC 变频器调速系统

矿井提升机电控系统主要通过 PLC 和变频器来加强矿井提升机运行的各种性能。PLC 变频器调速系统的主电路图如图 3-5-6 所示。

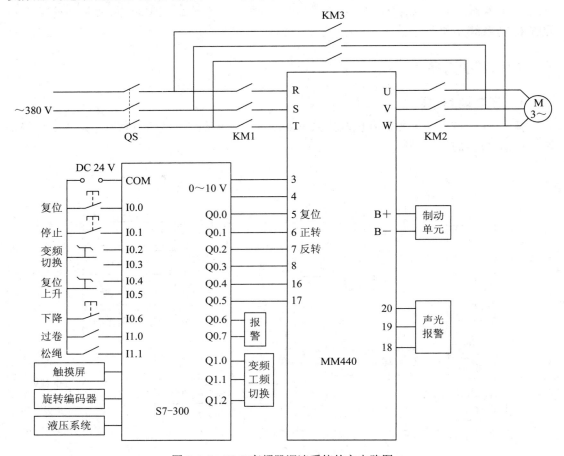

图 3-5-6  PLC 变频器调速系统的主电路图

PLC 是控制系统的核心部件，PLC 变频器调速系统采用西门子(SIEMENS)公司的 S7-300 PLC，该系统所采用的三相异步电动机的额定功率为 110 kW，额定转速为 990 r/min，额定电流为 206 A，工频为 50 Hz。根据功率原则以及考虑到与 PLC 型号的匹配，采用西门子矢量型 MM440 变频器，其型号为 6SE6440-2UD42-OGB1，它的输出功率为 200 kW，额定输出电流为 320 A，60 s 过载电流(最大输出电流)为额定输出的 1.5 倍。电动机在运行过程中，过载时的最大输出电流为 309 A(按过载系数 $K = 1.5$ 计算)，变频器的最大过载电流为 416 A (在变频器实际运行过程中，要求过载系数为 1.3)，因此变频器满足负载的过载要求。变频器主要参数设置如表 3-5-1 所示。

表 3-5-1 变频器主要参数设置

| 参数号 | 设置值 | 说 明 |
|---|---|---|
| P0005 | 21 | 显示实际频率 |
| P0700 | 2 | 由端子排数字输入 |
| P0701 | 17 | 固定频率设定值 |
| P0702 | 17 | 固定频率设定值 |
| P0703 | 17 | 固定频率设定值 |
| P0704 | 1 | ON/OFF1(接通正转/停车命令 1) |
| P0705 | 2 | ON reverse /OFF1(接通反转/停车命令 1) |
| P0706 | 9 | 故障确认 |
| P0731 | 52.3 | 变频器故障 |
| P1000 | 3 | 固定频率设定 |
| P1001 | 25 | 固定频率设定 |
| P1002 | 50 | 固定频率设定 |
| P1003 | 10 | 固定频率设定 |
| P1004 | 0 | 固定频率设定 |
| P1080 | 0 | 设定电动机最低频率 |
| P1082 | 50 | 设定电动机最高频率 |
| P1120 | 10 | 斜坡上升时间 |
| P1121 | 10 | 斜坡下降时间 |
| P0300 | 1 | 异步电动机 |
| P0304 | 380 | 电动机额定电压 |
| P0305 | 206 | 电动机额定电流 |
| P0310 | 110 | 电动机额定功率 |
| P0311 | 990 | 电动机额定转速 |

2) 制动回路设计

矿井提升机大多数采用绕线式异步电动机来拖动，且多数场合下采用有级切换转子回路电阻来实现调速。其制动系统多采用可控硅动力制动和可调闸制动系统。前者为电气制动，后者为机械制动。提升机在减速段运行中，当运行速度超过设定值的 0%～5% 时，电气制动起作用，可调闸不起作用；当超速在 5%～10% 范围内时，电气制动限幅，并维持最大制动功率，同时可调闸起作用，总制动力矩增大；当超速 10% 时，过速继电器作用于安全回路，可调闸使提升机滚筒停住。

晶闸管动力电源装置主要由两部分组成：一部分为主回路；另一部分为触发回路。本设计中采用 KZG 型三相可控硅动力制动系统。此系统为单闭环动力制动系统，其系统框图如图 3-5-7 所示，从图中可以看出，速度偏差控制和脚踏控制是"或"的关系，哪个信号大，就允许哪个信号通过，亦即相应的控制方式发挥作用。因此，在单闭环控制模式下，司机可以脚踏制动进行控制，而在脚踏控制的过程中，如果提升机超速，则闭环系统又可起监视保护作用。

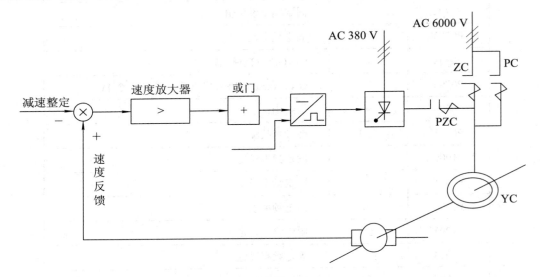

图 3-5-7　单闭环动力制动系统框图

### 3) 速度给定回路

速度给定方式就是按行程原则产生速度给定信号。在矿井提升机电控系统中，通常采用凸轮板给定方法，即由凸轮板控制自整角机的输出电压。由于自整角机没有可滑动的触点，因此电压变化较平稳，工作较可靠，维护量较小。速度给定回路电路图如图 3-5-8 所示。

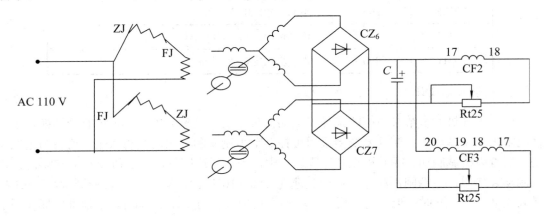

图 3-5-8　速度给定回路电路图

　　自整角机作为给定装置应用时,给激磁绕组通以单相110 V交流电,在三相同步绕组中任取两相的输出作为给定电压的输出。其输出电压为交流,如需要直流则应通过桥式整流输出。

### 3. 软件设计

　　软件设计控制流程图如图 3-5-9 所示,其中包括两个主要的功能模块:中断子程序功能模块和故障处理子程序功能模块。主程序完成系统初始化、自检、故障诊断和调速系统控制等工作。

　　中断子程序主要完成超速保护、过卷、过载和松绳等保护工作。故障处理子程序主要是综合来自控制系统外围的故障信息和内部系统监视程序检测到的故障信息,依据故障的不同类型,进行相应的处理,快速查找和排除故障。

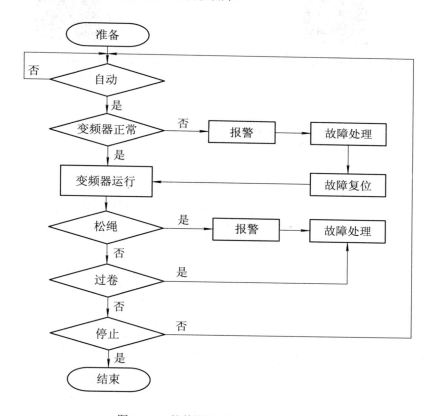

图 3-5-9　软件设计控制流程图

　　矿井提升机无论是上升还是下降,其工作过程都是相同的,都有 4 挡转速(50 Hz、25 Hz、10 Hz、0 Hz),可以进行启动、加速、中速运行、稳定运行、减速、低速运行和制动停车这 7 个阶段的操作。操作台发出上升指令,PLC 的 Q0.1 输出开关量 1(电动机正转),变频器启动;矿井提升机加速上升,变频器工作在第一频段(25 Hz),经过 20 s 后 PLC 发出加速信号给变频器,变频器切换到第二频段(50 Hz)工作,矿井提升机匀速上升;当矿井提升机快到井口时,矿井提升机减速上升,变频器切换到第三频段(10 Hz)工作,此阶段为低速运行阶段；5 s 后变频器切换到第四频段(0 Hz)，矿井提升机减速到零，整个提升过程结束。

罗克韦尔 400 变频器应用(中央空调)

MicroMaster 440 变频器在电梯控制系统中的应用

PLC 与变频器 DP 通信

基于 DSP 控制的三相 AC/AC 变频器控制方案的研究

# 情景四

## 变频器的故障分析、诊断及调试

# 项目一　变频器主电路维修

## 一、项目背景及要求

　　交流变频调速系统以调速范围宽、动态响应快、调速精度高、保护功能完善和操作简单等优点在很多行业得到广泛应用。但在变频器运行过程中，经常会出现元器件烧坏、老化和保护功能频繁动作等故障现象，严重影响其正常运行。

　　根据变频器发生故障的现象或损坏的特征，故障一般可分为两种：

　　(1) 在运行中频繁出现的自动停机现象，并伴随着一定的故障显示代码。这类故障一般是由于变频器运行参数设定不合适或外部条件不满足变频器使用要求而产生的一种保护动作现象，其处理措施可根据随机说明书上提供的指导方法进行处理和解决。

　　(2) 由于使用环境恶劣所引起的故障，例如高温、导电粉尘引起的短路，潮湿引起的绝缘程度的降低或击穿等突发故障。这类故障发生后，变频器一般无任何显示，其处理方法是先对变频器电路进行检查测试，更换损坏的元器件，再测试运行以达到解决故障的目的。

　　因此，维修人员必须掌握变频器日常维护、常见故障的分析和处理的方法。

## 二、知识讲座

### (一) 变频器维修的基本方法

变频器主电路维修

　　变频器的故障分析和解决不仅需要掌握变频器相关的理论知识，还需要实践检验，通过理论分析与维修实践相结合来达到较高的维修水平。

#### 1. 维修人员需要学习的相关理论知识

　　(1) 大功率晶体管工作原理，整流电路、逆变电路的基本工作原理。

　　(2) 电动机的基本工作原理，以及电动机启动、调速、制动等控制方法。

　　(3) 变频器的基本结构和功能：变频器的基本结构包括主回路结构、控制电路的基本结构等；变频器的基本功能包括频率设定功能、保护功能和状态监测功能等。

　　(4) 矢量控制、PWM 控制等控制技术。

#### 2. 维修变频器的主要检测仪器

　　变频器维修过程中需要的最基本的检测仪器包括指针式万用表、数字式万用表、频率计、示波器、直流电压源和驱动电路检测仪等。

### 3. 变频器维修的基本步骤

**1) 静态测试**

变频器出现故障后，首先对其进行静态参数测量，确定变频器的整流电路和逆变电路是否损坏。如果测出整流电路或逆变电路损坏，就不能对变频器进行通电测试，否则会造成严重后果。

(1) 测试整流电路。

首先找到变频器内部直流电源的 P 端和 N 端，将万用表调到 $R\times10$ 挡，红表笔接到 P 端，黑表笔依次接到 R、S、T，可测得阻值大约有几十欧，且各相阻值基本相同。然后将黑表笔接到 P 端，红表笔依次接到 R、S、T，可测得阻值接近于无穷大。再将红表笔接到 N 端，重复以上步骤，都应得到相同结果。如果出现以下结果，可以判定电路已出现异常：① 三相阻值不相同，说明整流模块故障。② 红表笔接 P 端时，电阻无穷大，可以断定整流模块故障或启动电阻出现故障。

(2) 测试逆变电路。

先将红表笔接到 P 端，黑表笔分别接 U、V、W 上，可测得阻值大约有几十欧，且各相阻值基本相同；反之应该为无穷大。然后将黑表笔接到 N 端，重复以上步骤应得到相同结果，否则可确定逆变模块故障。整流模块、逆变模块电路如图 4-1-1 所示，其测试结果如表 4-1-1 所示。

**表 4-1-1　整流模块、逆变模块电路测试结果**

| | | 万用表极性 | | 测量值 | | 万用表极性 | | 测量值 |
|---|---|---|---|---|---|---|---|---|
| | | ⊕ | ⊖ | | | ⊕ | ⊖ | |
| 整流模块 | VD₁ | R | P | 不导通 | VD₄ | R | N | 导通 |
| | | P | R | 导通 | | N | R | 不导通 |
| | VD₂ | S | P | 不导通 | VD₅ | S | N | 导通 |
| | | P | S | 导通 | | N | N | 不导通 |
| | VD₃ | T | P | 不导通 | VD₆ | T | N | 导通 |
| | | P | T | 导通 | | N | T | 不导通 |
| 逆变模块 | VR₁ | U | P | 不导通 | VR₄ | U | N | 导通 |
| | | P | U | 导通 | | N | U | 不导通 |
| | VR₃ | V | P | 不导通 | VR₆ | V | N | 导通 |
| | | P | V | 导通 | | N | V | 不导通 |
| | VR₅ | W | P | 不导通 | VR₂ | W | N | 导通 |
| | | P | W | 导通 | | N | W | 不导通 |

**2) 动态测试**

变频器在静态测试正常以后才能进行动态测试，即通电测试。通电之前须确认输入电压是否正确，检查变频器各接口是否连接正确和接口连接是否有松动，连接异常有时可能导致变频器出现故障，严重时会出现炸机等情况。单相电源输入变频器的测量电路如图 4-1-2 所示。

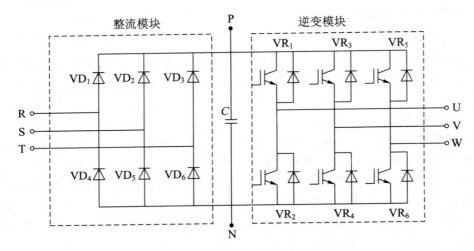

图 4-1-1　整流模块、逆变模块电路

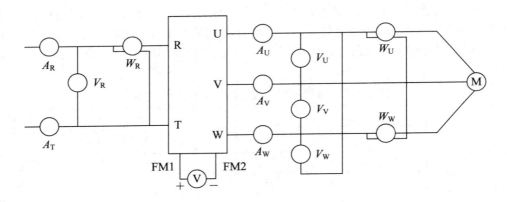

图 4-1-2　单相电源输入变频器的测量电路

通电后，检查故障显示内容，根据错误代码查找变频器使用说明书中有关错误指示的原因。如果没有显示故障，首先检查参数是否有异常，并将参数复归后在空载(不接电动机)情况下启动变频器，然后测试 U、V、W 三相输出电压值，如果出现缺相、三相不平衡等情况，则模块或驱动板等有故障。在输出电压正常(无缺相、三相平衡)的情况下，进行带负载测试。在测试时，最好是满负载测试。

通过这一过程的各种现象，可以初步确定变频器的故障范围。

3) 故障分析与处理

根据故障现象进行分析、检测等工作，确定故障产生的原因和地方。当确定故障发生的地方后，处理的主要方法是更换损坏的元器件。新更换的元器件最好选用同品牌、同规格参数的产品。

4) 试运行

变频器维修完之后，一定要通电试运行，最好是带负载运行。在试运行中检测各项参数和各种功能是否正常。

5) 填写维修记录单

维修记录单主要记录变频器的型号、故障现象、故障原因、处理方法(包括更换元器件的型号、数量等)和备注等。对于新问题和特殊情况，要详细记录故障现象、故障分析处理的过程，及时总结，以便以后遇到相同或相似的情况时可以参考。

## (二) 主回路

变频器的主回路主要由整流模块、限流模块、滤波模块、制动模块和逆变模块组成，如图 4-1-3 所示。

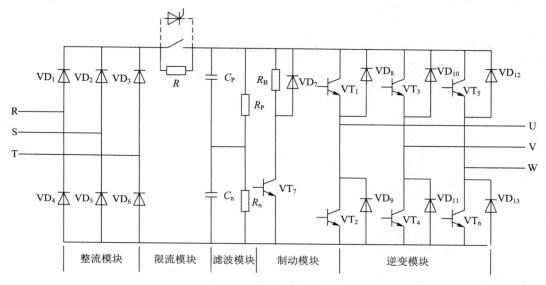

图 4-1-3 变频器的主回路

### 1. 整流模块故障损坏诊断流程

整流模块故障损坏诊断流程图如图 4-1-4 所示。

整流模块损坏由模块本身自然老化损坏造成的可能性很小，主要由过电流、过电压或短路故障所引起。导电异物包括掉进变频器内的金属异物或流入变频器的导电液体。滤波电路电解电容损坏短路、逆变模块损坏短路以及压敏电阻损坏短路等都可能引起主回路短路。

主回路过电压可能是制动电路开关器件损坏开路、减速或停止产生的泵生电压没有吸收而叠加到直流高压上等引起的。

### 2. 逆变模块损坏故障诊断流程图

逆变模块损坏多半是由于驱动电路损坏致使一个桥臂上的两个开关器件同一时间导通所造成的。此外，冷风机损坏或环境温度过高使逆变模块长时间在高温下工作，外部负载不正常(如长时间超负荷运行)使逆变模块长时间超负荷运行，以及负载运行过程中或启动时负荷过重，使电动机出现堵死现象等，所有这些都可能导致逆变模块损坏。其故障诊断流程图如图 4-1-5 所示。

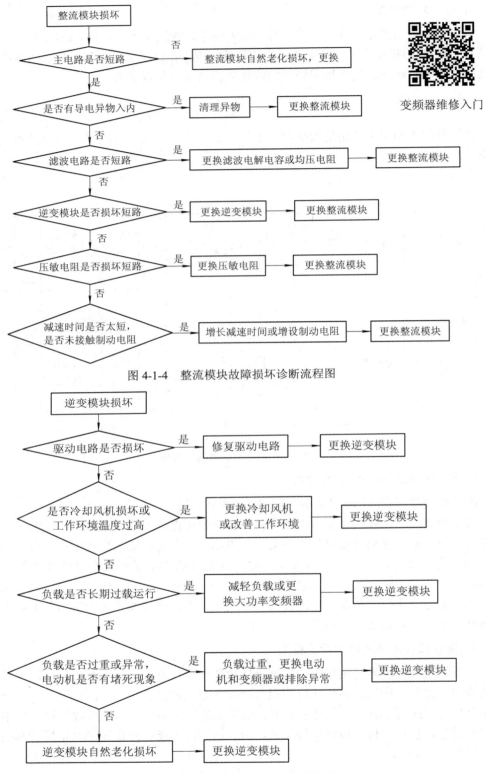

图 4-1-4　整流模块故障损坏诊断流程图

图 4-1-5　逆变模块损坏故障诊断流程图

## （三）主电路常见故障现象、原因和处理方法

◆ 现象一：变频器无显示。

原因一：限流电阻损坏开路。整流电路的脉动直流电压无法送到滤波电路，使主回路无直流电压输出，从而使变频器无显示。

处理方法：

(1) 检查限流电路中的继电器或可控硅是否损坏。

(2) 更换限流电阻。

原因二：整流模块损坏。整流模块自然老化或主回路有短路现象而使整流模块损坏，造成整流电路无脉动直流电压输出，从而导致变频器无显示。

故障诊断和处理方法：

故障一：整流模块自然老化。

处理方法：更换整流模块。

故障二：逆变模块中，至少有一个桥臂，其上下两个开关器件短路，造成主回路短路而烧毁整流模块。

处理方法：

(1) 检查电动机是否有过载或堵转现象，若有，则消除相应现象即可；

(2) 检查驱动信号是否正常，若不正常，则处理即可；

(3) 更换整流模块和逆变模块。

常用简易的设备
故障诊断方法

◆ 现象二：变频器输出电压缺相。

原因：变频器输出电压缺相，这是由于逆变电路中有一个桥臂不工作(或驱动电路有一组无输出信号，使逆变电路有一个桥臂不工作)造成的。

处理方法：更换逆变电路或者更换损坏的驱动电路。

◆ 现象三：电动机运行抖动。

原因：电动机抖动运行是由于变频器的输出电压值忽大忽小地波动造成的，而电压波动是由于变频器逆变电路的六个开关元件中，有一个桥臂或不在同一桥臂上的一个以上的开关器件不工作(或驱动信号不正常导致开关器件不工作)造成的。

处理方法：开关器件不工作则更换逆变电路，驱动信号不正常则更换驱动电路。

◆ 现象四：变频器输出电压偏低。

原因：输出电压偏低是因为主回路直流电压低于正常值。另外还有逆变模块老化，驱动信号幅值较低。首先，用万用表测量直流电压值，确定两个原因中的一个原因。

处理方法：

(1) 若是整流模块有一个以上整流二极管损坏，导致整流电路缺相整流，输出的脉动直流电压低于正常值，使主回路直流电压低于正常值，造成变频器输出电压偏低，则更换整流模块即可。

(2) 若是由于滤波电容老化，使容量下降。在带动电动机运行过程中，充放电量不足，造成变频器输出电压偏低，则更换滤波电容即可。

(3) 若是由于逆变模块老化而导致开关元件在导通状态时，有较高的电压降，造成变频器输出电压偏低，则更换逆变模块即可。

### 三、案例分析一：三菱变频器主电路检修

◆ 故障现象：一台三菱 FR540 变频器，功率 3.7 kW，开机运行时变频器无任何显示。

故障检测与分析：经静态检测，变频器整流电路损坏，逆变电路正常。此变频器使用时间较长，内部灰尘较多，初步判定整流电路是由于自然老化而损坏的。但在清理灰尘和进一步的检查过程中发现主回路电路板有跳火痕迹，进一步清理发现限流电路中限流电阻和短路继电器触点因跳火而烧在一起，导致整流模块损坏。

处理方法：更换整流模块和限流电路后，变频器正常运行。

### 四、案例分析二：西门子变频器主电路检修

◆ 故障现象：一台西门子 MM440 6SE6440-2UC17-5AA1 变频器，功率 0.75 kW，开机运行时变频器无任何显示。

故障检测与分析：经静态检测，变频器整流电路正常，逆变电路损坏。逆变电路损坏多是由于驱动电路造成的，检查驱动电路发现有一个电阻呈黑色且有火烧痕迹，此电阻因短路而损坏导致驱动电路始终输出高电平，而使同一桥臂的两个开关器件同时导通而损坏逆变电路。

处理方法：更换电阻后，驱动电路正常工作，变频器正常运行。

变频器的日常维护及定期保养

电气设备维修十原则

# 项目二 变频器过电压故障维修

## 一、项目背景及要求

变频器过电压保护是变频器中间直流母线上的直流电压超过设定的最大值后，采取的保护措施。变频器过电压后为防止内部元器件的损坏，其过电压保护功能将会动作，使变频器停止运行，从而使设备无法正常工作。因此，对变频器出现的过电压故障要正确、及时地处理，以免造成重大事故。

## 二、知识讲座

变频器过电压维修

变频器的过电压集中表现在变频器直流母线的直流电压上。正常工作时，变频器直流母线电压为三相全波整流后的平均值。如果以 380 V 电压计算，则平均直流电压为 513 V。由于电压型交—直—交变频器的设计，从电动机反馈回来的能量只能通过不可控二极管输入到变频器直流回路的电解电容上，从而使直流母线电压上升。过电压发生时，直流母线的储能电容将被充电，当电压上升至 760 V 左右时，变频器产生过电压保护动作。因此，对变频器来说都有一个正常的工作电压范围，当电压超过这个范围时很可能导致变频器损坏。

### 1. 变频器产生过电压的原因

常见的过电压有输入交流电源过电压和再生过电压两种。

1) 输入交流电源过电压

输入交流电源过电压是指输入电源侧的电压大大超过正常电压范围，一般是由雷电等冲击电压造成的。

2) 再生过电压

再生过电压主要是电动机的实际转速超过了同步转速，使电动机处于发电状态，产生的电流会经过续流二极管回馈到变频器的中间直流回路中。如果变频器没有采取消耗这些能量的措施，则这些能量会导致中间直流回路电容电压上升，当电压达到过电压限定值时，变频器的过电压保护装置就会动作。

产生再生过电压的原因主要有以下几种：

(1) 当变频器拖动大惯性负载时，其减速时间设得较小，此时减速过程属于再生制动，电动机处于发电状态，从而导致变频器中间直流回路电压升高。

(2) 当电动机所传动的位能负载下放时，电动机将处于再生发电制动状态。位能负载下降过快，过多回馈能量导致变频器中间直流回路电压升高，发生过电压故障。

(3) 变频器负载突降会使电动机转速明显上升，使电动机处于再生发电状态，短时间内能量的集中回馈，可能会使变频器中间直流回路电压升高而引发过电压故障。

(4) 多台电动机拖动同一个负载时也可能出现再生过电压故障，这主要是由于负载匹配不佳引起的。

**2. 变频器过电压的处理方法**

由于变频器与电动机的应用场合不同，产生过电压的原因也不相同，因此应根据具体情况采取相应的对策。

(1) 如果是由于电源电压值超过规定值而引起的过电压，可以采用在输入侧并联浪涌吸收装置或串联电抗器等方法解决。

(2) 如果是由于降速时间过短引起的过电压，若对停车时间或位置无特殊要求，则可以采用延长变频器降速时间或改变自由停车的方法来解决。如果对停车时间或停车位置有一定的要求，则可以采用增加直流制动和再生制动的方法来解决。

(3) 如果是由于负载突然减小或控制引起的过电压，则检查传动部分是否突然脱落并分析原因和进行处理。

(4) 如果是由于制动电阻或制动单元引起的过电压，则检查制动单元是否正常或制动电阻是否符合制动要求并进行处理。

# 三、案例分析

◆ 故障现象：某水泥厂使用一台三菱 FR-S500 变频器(7.5 kW)控制一台风机，变频器在运行一年后开始出现 E.OV2 定速过电压跳闸，维修人员将此变频器更换成功率更高的 FR-E740(11 kW)，仍出现 E.OV2 报警。

变频器常见
故障分析

故障分析：每次发生 E.OV2 报警后，将变频器复位后能正常运行，因此要重点监测变频器运行过程中的电压变化情况。经过多次不同时段的监测发现，FR-S500 变频器直流母线电压在恒速运行过程中有上升现象，当电压达到 700 V 时变频器出现 E.OV2 报警并跳闸。从此电压上升现象及报警信息可以看出，风机在定速运行过程中重心不稳定而出现再生能量制动回馈，再生能量使变频器内部的主回路直流电压超过规定值，从而使保护回路动作。变频器输出电源系统中发生的浪涌电压也可能引起电压的上升现象。

为了进一步证明不是变频器故障产生的报警、跳闸，用此变频器控制一台刚使用不久的风机，结果变频器运行正常，由此可以看出 E.OV2 报警故障与变频器无关。

处理方法：对于变频器在定速运行过程中产生的能量回馈现象，一般采用直流制动的方法，在变频器 P1 端和 - 端加一个制动电阻即可。制动电阻阻值的大小可查表、计算或根据经验获得，针对三菱 FR-S500 变频器(7.5 kW)，此电阻取 500　/1000 W。

变频器上电后，重新修改一下参数：

Pr.30：再生功能选择为"1"。

该参数根据实际情况进行设定，"0"为无能耗制动组件或通过外接制动单元的方式进行能耗制动，而"1"为有能耗制动组件。

Pr.70：制动使用率为10%。

制动使用率根据实际情况选择为10%。当Pr.30为"0"时，Pr.70没有显示，制动使用率固定在 3%。另外，Pr.70 必须设定在所使用的制动电阻发热功率内，否则会有过热的危险。

# 项目三 变频器缺相故障维修

## 一、项目背景及要求

由于变频器工作环境复杂，经常会发生输入电源缺相、电源接线端子松动、三相电源不平衡等原因造成的输入缺相，输入缺相会使变频器直流母线回路电压过低而损害变频器。变频器输出缺相将使电动机处于缺相运行状态，使电动机一相电流为零，另外两相电流增大超出正常值，电动机发热，严重时会烧毁电动机。当变频器出现缺相故障时，要根据故障代码和故障现象及时检查并排除故障，以免使故障扩大造成更大的损失。

## 二、知识讲座

### (一) 变频器主回路接线及相关设备

变频器缺相故障维修

变频器主回路主要设备包括断路器(在供电回路中)、变频器、电动机以及三种设备之间的连接选件。变频器主回路单相连接和三相连接示意图分别如图 4-3-1 和图 4-3-2 所示。

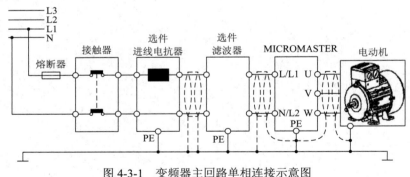

图 4-3-1 变频器主回路单相连接示意图

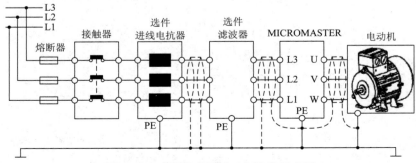

图 4-3-2 变频器主回路三相连接示意图

### 1. 无熔丝断路器(NFB)、漏电断路器(ELB)、保险丝

由于变频器输入端和输出端的电流都含有高频成分，采用变频器驱动时由高频成分所造成的漏电电流要大于电网电源供电时的漏电电流。因为断路器的种类很多，所以在某些情况下，即使变频器电线和电动机的绝缘都没有问题，仍然有可能出现由于高频成分的漏电而造成的误动作。可以采取以下对策：

(1) 将漏电断路器动作的灵敏电流值提高到容许的水平；

(2) 采用带有高次谐波对策的漏电断路器；

(3) 在电源和变频器之间设置零相电抗器，抑制零相电流；

(4) 尽量缩短变频器和电动机之间的电线长度，并尽量将电线架离地面，以减少浮游电容及漏电电流；

(5) 当无法改变漏电断路器动作的灵敏电流值时，在分支电路和包括变频器的回路中设置绝缘变压器；

(6) 选择静电容量小的电线。

### 2. 电磁接触器(MC)

用变频器对异步电动机进行启动、停止等控制是通过变频器的控制端子指令进行的，而不是通过电磁接触器进行的，因此在正常运行时并不需要电磁接触器。但是，为了在变频器出现故障时能够将变频器从电源切断，需要设置电磁接触器。此外，在使用制动电阻的场合，也需要设置电磁接触器。因此，在选择电磁接触器时，应注意使其容量满足额定电流大于变频器的输入电流值的要求。

### 3. 输入电抗器

输入电抗器又称电源协调电抗器，它能够限制电网电压突变和由于操作过电压而引起的电流冲击，有效地保护变频器和改善其功率因数，还可有效地抑制谐波电流。输入电抗器串接在电源进线与变频器输入侧，用于抑制输入电流的高次谐波，减少电源浪涌对变频器的冲击，改善三相电源的不平衡性，提高输入电源的功率因数(可提高至 0.85)。输入电抗器既能阻止来自电网的干扰，又能减少整流单元产生的谐波电流对电网的污染。当电源容量很大时，更要防止各种过电压引起的电流冲击，因为它们对变频器内整流二极管和滤波电容器都是有威胁的。

#### 1) 需要安装输入电抗器的场合

并非任何场合都需要安装输入电抗器，下面三种情况需安装输入电抗器。

(1) 为变频器供电的电源容量与变频器容量之比在 10∶1 以上；电源容量在 600 kV · A 及以上，且变频器安装位置离大容量电源在 10 m 以内，如图 4-3-3 所示。

(2) 三相电源电压不平衡率大于 3%。电源电压不平衡率 $K$ 为

$$K = \frac{U_{\max} - U_{\min}}{U_{\mathrm{P}}} \times 100\%$$

式中，$U_{\max}$ 为最大一相电压；$U_{\min}$ 为最小一相电压；$U_{\mathrm{P}}$ 为三相平均电压。

(3) 当有其他晶闸管整流装置与变频器共用同一进线电源，或进线电源端接有通过开关切换以调整功率因数的电容器装置时，为减少浪涌对变频器的冲击，必须安装输入

电抗器。

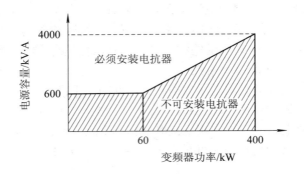

图 4-3-3　需要安装电抗器的场合

2) 输入电抗器参数的选择

(1) 输入电抗器压降的选择。输入电抗器的容量一般按预期在电抗器每相绕组上的压降来决定，而选择压降用电网侧相电压的 2%～4%或按表 4-3-1 中的数据选取。表中，$U_V$ 为交流输入相电压有效值；$\Delta U_L$ 为电抗器额定电压降；$I_n$ 为电抗器额定电流。

表 4-3-1　电网侧输入电抗器压降

| 交流输入线电压($\sqrt{3}U_V$ )/V | 230 | 380 | 460 |
|---|---|---|---|
| 电抗器额定电压降($\Delta U_L = 2\pi f L I_n$)/V | 5 | 8.8 | 10 |

输入电抗器压降不宜取得过大，压降过大会影响电动机转矩。一般情况下选取进线电压的 4%(8.8 V)已足够，在较大容量的变频器中(如 75 kW 以上)可选用 10 V 压降。

(2) 输入电抗器的额定电流 $I_L$ 的选择。

单相变频器配置的输入电抗器的额定电流 $I_L$ = 变频器的额定电流 $I_N$

三相变频器配置的输入电抗器的额定电流 $I_L$ = 变频器的额定电流 $I_N \times 0.82$

(3) 输入电抗器的电感量 $L$ 的计算。已知压降和额定电流，则输入电抗器的电感量 $L$ 的计算公式为

$$L = \frac{\Delta U_L}{2\pi f I_n}$$

### 4. 输出电抗器

输出电抗器有助于改善变频器的过电流和过电压。变频器和电动机之间采用长电缆或向多电动机(10～50 台)供电时，由于变频器工作频率高，连接电缆的等效电路成为一个大电容，而引起下列问题：

(1) 电缆对地电容给变频器额外增加了峰值电流。

(2) 由于高频瞬变电压，给电动机绝缘额外增加了瞬态电压峰值。

为了补偿长线分布电容的影响，并能抑制变频器输出的谐波，减小变频器噪声，避免电动机绝缘过早老化和电动机损坏，可以选用输出电抗器来减小在电动机端子的 $du/dt$ 值。当变频器和电动机之间使用长电缆时，输出电抗器可以减小负荷电流的峰值。但是输出电抗器不能减小电动机端子上瞬变电压的峰值。

### 5. 输入侧电源滤波器

输入侧电源滤波器的作用是降低输入侧高频谐波电流，减少谐波对变频器的影响。在变频器工作环境中，如果高次谐波干扰源较多、谐波强度较大或电磁噪声太强烈，最好选用输入侧电源滤波器。

### 6. 输出侧滤波器

输出侧滤波器的作用是降低变频器输出侧谐波造成的电动机运行噪声，减少噪声对其他电器的影响。在变频器工作环境中，如果存在传感器、测量仪表等其他精密仪器、仪表，电动机运行噪声会使它们运行异常，最好选用变频器输出侧滤波器。

### 7. 直流电抗器

直流电抗器的主要作用是减少输入电流中的高次谐波成分，提高输入电源的功率因数，并能限制短路电流。

1) 需要安装直流电抗器的场合

下面几种情况需要安装直流电抗器：

(1) 给变频器供电的同一电源节点上有开关式无功补偿电容屏或带有晶闸管相控负载(因电容屏开关切换引起的无功瞬变致使网压突变、相控负载造成的谐波和电网波形缺口，有可能对变频器的输入整流电路造成损害)；

(2) 变频器供电三相电源电压的不平衡度超过 3%；

(3) 要求提高变频器输入端功率因数到 0.93 以上；

(4) 变频器接入大容量变压器(因变频器的输入电源回路流过的电流有可能对整流电路造成损害)。

2) 直流电抗器的选择

直流电抗器的计算和设计的原则同一般电抗器，电抗器的电感量以基波电流流经电抗器时的压降不大于额定电压为宜。

## (二) 变频器缺相故障的检测

当发生变频器输入缺相时，变频器仍会继续运行，此时滤波电容会被反复地充电，这样会损坏电容从而导致整台变频器损坏。变频器输入缺相检测最常用、最简单的方法就是使用硬件检测，硬件检测电路如图 4-3-4 所示。

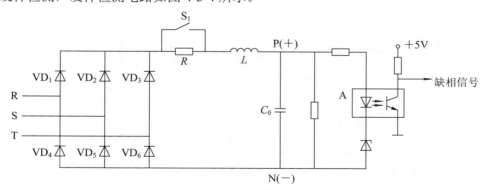

图 4-3-4  变频器输入缺相的硬件检测电路

在此电路中，滤波电容 $C_0$ 上的电压高低将反映 R、S、T 三相输入有无缺相，当发生缺相时，$C_0$ 上的电压降低，光耦器件将不导通，A 点的信号为高电平，对应缺相的发生。

### (三) 电动机缺相运行的后果

#### 1. 运行中电动机缺相

(1) 当电动机满载运行过程中发生缺相时，电动机处于过流状态，表现为电动机噪声较大，转速急剧下降，电动机温度急速上升并被烧坏。

(2) 当电动机轻载运行过程中发生缺相时，电动机因为在惯性的作用下会继续运行一段时间，但转速会有所降低。未缺相的绕组电流迅速增加，使这相绕组由于温度过高而被烧毁。

#### 2. 启动时电动机缺相

当电动机启动过程中发生缺相时，转子左右摆动，有很大的"嗡嗡"声，电动机不能启动，其绕组电流为额定电流的 4～7 倍，发热量为正常发热量的 10～30 倍，因其温升过快而烧坏电动机。

### (四) 缺相故障定位

如果变频器出现缺相故障，变频器故障代码会显示输入缺相或输出缺相。输入缺相或电源缺相故障诊断流程图如图 4-3-5 所示，输出缺相故障诊断流程图如图 4-3-6 所示。

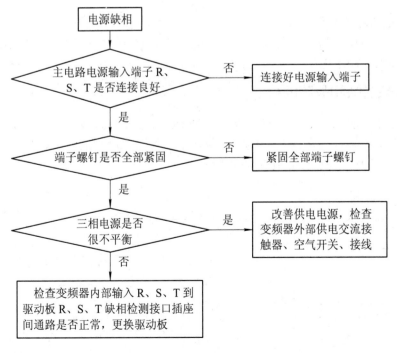

图 4-3-5　输入缺相或电源缺相故障诊断流程图

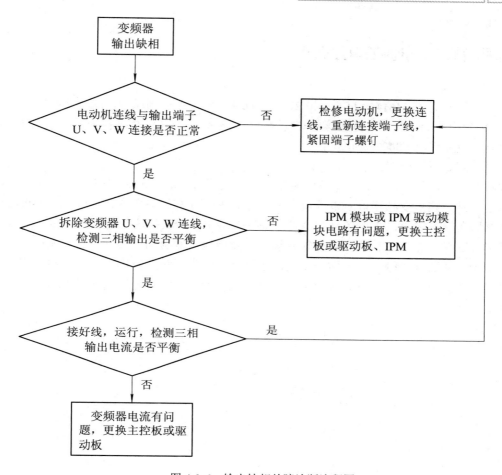

图 4-3-6　输出缺相故障诊断流程图

## 三、案例分析一：变频器输出缺相

◆ 故障现象：

某厂使用西门子 MM440-6SE6440-2UD21-1AA0 变频器控制传送带电动机，变频器额定功率为 1.1 kW，额定电压为 380 V，使用时间已 15 个月。在最近的使用过程中，经常发生变频器故障报警，故障代码 F0003(欠电压)。

故障检测分析与处理：

首先用万用表测量变频器的输入电压，约 380 V，正常；再按 Fn 键(功能键)查看变频器输出电压，约 200 V，远远低于变频器正常工作电压(50 Hz 时输出电压 380 V)，由此判断变频器损坏。更换同型号变频器重新运行，运行一段时间后，依然出现 F0003 故障报警，由此判断变频器没有损坏。可能是由于电动机缺相引起的变频器报警。

用万用表测量变频器输出端电动机三相绕组阻抗，结果三相平衡，对地也正常。打开电动机接线盒，断开电动机的输入电源线，再次测量电动机三相绕组阻抗依然正常，因此可以判断电动机正常，由此可以推断可能是电动机电源输入线缺相造成的。更换电线后，重新运行，恢复正常。

## 四、案例分析二：变频器输入缺相

◆ 故障现象：

某厂使用西门子 MM440-6SE6440-2UC31-1DA1 变频器控制风机，变频器额定功率为 11 kW，额定电压为 380 V。变频器在安装调试运行结束后，在运行过程中经常出现跳闸，操作盘显示故障代码 F0003(欠电压)。

故障检测分析与处理：

查看变频器运行故障记录，发现出现输入缺相故障时电动机电流均在 48 A 左右，直流母线电压正常，测量变频器输入电压正常。暂停后重新开机，在变频器加速运行的过程中监测变频器的输入电压，当电流到 42 A 以上时，T 端电压较其他两相电压低很多，在 48 A 时出现 F0003 故障报警。检查变频器输入设备，发现输入侧自动空气开关和交流接触器有很厚的灰尘，在清洁接触器的过程，发现接触器有一对常开触点发黑，当常开触点闭合、流过的电流较大时，出现火花而造成压降。更换交流接触器，将电源输入设备清洁后，变频器运行正常。

# 项目四 变频器过载故障维修

## 一、项目背景及要求

电动机在运行过程中，运行电流超过额定值但又小于过流的限定值，这就是变频器过载，运行一段时间后变频器就会产生过载保护。变频器过载的基本特征是：电流虽然超过了额定值，但超过的幅度并不大，一般不会形成较大的冲击电流，否则就是过流故障了。过载报警有一个时间积累的过程，过载报警时间的长短与过载电流的大小有关，过载电流越大，报警时间越短。

过载也是变频器频繁跳闸的原因之一，维修人员要正确区分过载与过流，了解它们的成因以及不同的处理方法，以便发生故障时能够及时地排除。

## 二、知识讲座

### （一）过载保护与过流保护的区别

变频器过载
故障维修

#### 1. 保护对象不同

过流保护主要用于保护变频器，而过载保护主要用于保护电动机。因为在选择变频器时，变频器的容量比电动机的容量大一挡或者两挡，因此在这种情况下，电动机过载时，变频器不一定过流。

#### 2. 电流的变化率不同

过载保护发生在生产机械的工作过程中，电流的变化率通常较小，但除了过载以外的其他过电流，往往都带有突发性，电流的变化率较大。

#### 3. 过载保护具有反时限特性

过载保护主要是防止电动机过热，故具有类似于热继电器的"反时限"特点。就是说，如果与额定电流相比，超过的不多，则允许运行的时间可以长一些，但如果超过的较多的话，允许运行的时间将缩短。此外，由于在频率下降时，电动机的散热状况变差，因此，在同样过载50%的情况下，频率越低，则允许运行的时间越短。

### （二）过载的主要原因及处理方法

#### 1. 机械负荷过重

（1）故障现象。

① 电动机发热，手触摸运行中电动机的外壳，明显发烫。

② 从变频器显示屏上读取运行电流，并与电动机的额定电流进行比较，明显偏大。

(2) 电动机产生负荷过重的原因及处理方法。

① 电动机长期工作在额定负载下或负载大小不可控，瞬时产生过载。如果电动机采用降速传动，并且电动机的转速较低，则可以适当加大传动比，以减轻电动机轴上的负荷。如果传动比无法加大，则应加大电动机的容量，否则长期过载会烧坏电动机；如果是电动机直接传动，运行过程中电动机的发热量没有超过规定值，而工作电流超过了变频器的过载电流，则是由于变频器容量较小，应换大一级的变频器。

② 变频器参数设置不合理。变频器有电动机过载保护功能，代替了热继电器。在使用过程中，根据电动机的保护电流进行设置。

a. 如果该保护电流设置得比较小，电动机实际没有过载，而变频器达到了设定的电流，则变频器就过载跳闸。这种情况可以重新设置过载电流，将过载电流设置得高一些，一般为电动机额定电流的105%～110%。

b. 变频器没有过流报警，但电动机过流烧坏。发生该现象主要是所选变频器的容量比电动机的容量大得多，而变频器的过载电流设置没有改动，还是原来的默认值，当电动机过载时变频器不跳闸，时间一长电动机将烧坏。

**2. 三相电压不平衡**

(1) 故障现象。变频器由输出电压不平衡、缺相等引起某相电流过大，导致过载跳闸。由此产生的跳闸，电动机发热不均匀，从变频器显示屏上读取运行电流时不一定会发现三相电流不平衡(因为很多变频器只显示一相电流)。最有效的方法是用万用表测量变频器的三相输出电压，看变频器是否缺相或三相不平衡。

(2) 处理方法。

① 如果电动机侧的三相电压不平衡，则应再检查变频器输出端的三相电压是否平衡，如果也不平衡，则问题在变频器内部，应检查变频器的逆变模块及其驱动电路。如果变频器输出端的电压平衡，则问题出在从变频器到电动机之间的线路上，应检查所有接线端的螺钉是否都已拧紧。如果在变频器和电动机之间有接触器或其他电器，则还应检查有关电器的接线端是否都已拧紧及触点的接触状况是否良好等。

② 如果电动机侧三相电压平衡，则应了解跳闸时的工作频率。若工作频率较低，又未用矢量控制(或无矢量控制)，则首先降低 $U/f$ 值；若降低后仍能带动负载，则说明原来预置的 $U/f$ 值过高，励磁电流的峰值偏大，可通过降低 $U/f$ 值来减小电流；若降低后带不动负载了，则应考虑加大变频器的容量；若变频器具有矢量控制功能，则应采用矢量控制方式。

**3. 误动作**

变频器内部电流检测部分发生故障。当电动机的发热量并不大但检测出变频器的电流信号偏大，导致过载跳闸，这是变频器的检测电路误动作。这种情况原则上要对变频器的检测电路进行维修，但也可以尝试将过载电流设置得稍大一些，解除误动作。

## (三) 变频器过载故障诊断流程

变频器过载故障诊断流程图如图4-4-1所示。

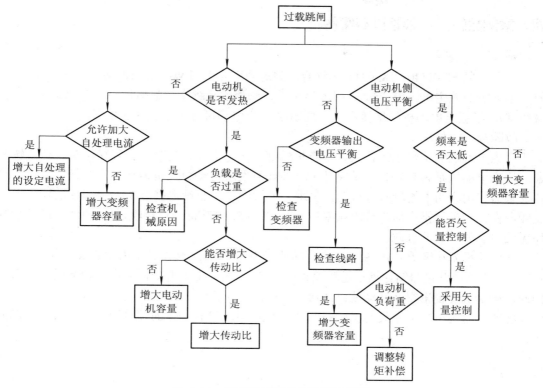

图 4-4-1　变频器过载故障诊断流程图

## 三、案例分析一：西门子变频器输出频率不能上升到预定值

◆　故障现象：

一台西门子 MM440-6SE6440-2UC33-0FA1 变频器，额定功率为 30 kW，拖动一台 17.5 kW 的水泵恒压供水，管道压力为 0.2 MPa，变频器的上限频率设为 50 Hz。在变频器工作时，当频率上升到 40 Hz 左右时就不再上升，水压不能达到恒压要求，同时变频器出现 F0005 故障报警。

故障分析与处理：

该变频器采用节点压力表控制压力，当用水量增大，变频器的输出频率上升到 40 Hz 左右时，变频器报警过载，频率不再上升，管道压力为 0.08 MPa。当用水量减少，变频器输出频率上升到 45 Hz 时，管道压力上升到 0.14 MPa。查看过载电流为 33 A，它是 17.5 kW 电动机的额定电流。由于电动机可以在 45 Hz 的频率下长时间工作，因此可以初步判定电动机没有短路故障。

查看此恒压供水系统维护维修记录，发现此系统工作一年后，为了提高用水量，将水泵电动机更换为 22 kW 的电动机，但变频器的参数没有做相应的改动，还是按照 17.5 kW 电动机的参数运行。

因西门子变频器具有电流限制功能，当达到设定的电流时变频器的输出频率就不再升高。重新按照 22 kW 电动机的参数设置变频器的相应参数，供水系统正常工作。

## 四、案例分析二：频繁过载跳闸

◆ 故障现象：

一台三菱 FR-E740-11K-CHT 变频器，额定功率为 11 kW，用来拖动一台 7.5 kW 电动机，电动机的额定电流为 15 A，投入运行后，频繁过载跳闸，故障代码 E.THM(电机过负载跳闸)。经测定电动机的堵转电流达到 50 A，为电动机额定电流的 3 倍多。

故障分析与处理：

因为电动机的堵转电流很大，检查机械部分是否卡死，盘车是否轻松，是否有堵转现象。检查电动机是否有缺相和短路故障。经检查发现电动机及机械部分没有任何故障，对照变频器使用说明书检测参数设置，发现"偏置频率"原设定值为 5 Hz，即该故障是由于变频器在接到运行指令但未给出频率控制信号之前，电动机一直接收 5 Hz 的低频运行指令而无法启动所造成的过载。

该电动机为 6 极$(P=3)$，970 r/min，转速差为 30 r/min，转差频率为 $30P/60 = 30 \times 3/60 = 1.5$ Hz。变频器设置的偏置频率是转差频率的 3 倍多。由于电动机的启动频率设置偏高，因此，电动机还没来得及转动就已经形成过电流。

将变频器的偏置频率设为 1.5 Hz 以下，保证电动机有一定的预转矩，变频器恢复正常工作。

# 项目五 变频器过电流故障维修

## 一、项目背景及要求

变频器在调试与使用过程中，出现过电流的情况较为常见。这种情况一旦发生，轻则引发保护动作，使变频器和整个调速系统停止运行，影响生产；重则损坏变频器与系统设备。变频器的过电流故障可分为短路、轻载、重载、升速、降速和恒速过电流故障。

造成变频器过电流故障的原因一般是变频器的加减速时间设定太短、负载突变、负荷分配不均匀和输出短路等。变频器中的过电流主要是指带有突变性质的电流的峰值超过变频器的容许值的情形。由于变频器中电力电子开关元器件的过载能力比较差，因此变频器的过电流保护是至关重要的一环。

## 二、知识讲座

### （一）变频器产生过电流故障的原因

变频器过电流故障维修

变频器发生过电流故障的原因可以分为外部原因和变频器本身的原因两个方面。

#### 1. 变频器外部的原因引起的过电流

(1) 电动机拖动的负载突然变化时，产生的冲击电流过大。这类故障一般是暂时的，变频器重新启动后就会恢复正常运行。如果经常会有负载突变的情况，应采取措施，限制负载突变或更换较大容量的变频器。建议选用直接转矩控制(DTC)模式的变频器。这种变频器动态响应快、控制速度非常快、具有速度环自适应能力，从而使变频器输出电流平稳，避免过电流。

(2) 变频器电源侧缺相、输出侧断线、电动机内部故障和接地故障引起的过电流。

(3) 电动机与动力电缆的绝缘被破坏，出现匝间或相间对地短路，形成短路电流。

(4) 变频器输出侧装有电力电容或浪涌吸收装置，容易造成输出端的电流冲击。

(5) 速度反馈信号丢失或不正常，引起过电流。

(6) 变频器的运行控制电路遭到电磁干扰，导致控制信号错误，引起变频器工作错误。

(7) 变频器的容量选择不当，与负载特性不匹配，引起变频器功能失常，工作异常，造成过电流、过载甚至损坏。

#### 2. 变频器本身的问题引起的过电流

(1) 参数设定不正确，例如电动机加速时间设定太短或 PID 调节器中的比例与积分时间参数不合理，使超调过大，变频器输出电流振荡。

(2) 电流互感器损坏，主电路有电流输入，变频器未启动就有电流显示。

(3) 主电路接口板电流检测通道损坏，出现过电流。

(4) 电流反馈信号线接触不良，过电流现象时有时无。

## (二) 处理方法

### 1. 对变频器外部原因引起的过电流的处理方法

(1) 负载不稳定，可采用 DTC 模式的变频器，控制速度快，能有效地抑制过电流。

(2) 拆除变频器输出侧的电力电容或浪涌吸收装置，为提高功率因数可在输入端并接适当的电容。

(3) 加强检查与维护工作，保证电动机与动力电缆的绝缘完好，保证速度反馈通道与反馈信号的完整。

### 2. 对由变频器本身引起的过电流的处理方法

(1) 适当延长变频器的加速时间，调整好 PID 调节器的时间参数。

(2) 加强检查与维护工作，确保电流互感器的正常运行，注意防尘、防潮，维护工作环境，不使电路板腐蚀受损，紧固连接插件，使电流反馈信号线接触良好等。

## (三) 变频器过电流分类

### 1. 短路故障

(1) 故障特点：

① 第一次跳闸有可能在变频器运行的过程中发生，但如复位后再启动，则往往一升速就跳闸。

② 变频器具有很大的冲击电流，但大多数已经能够进行跳闸保护，而不会损坏。由于保护跳闸十分迅速，因此难以观察其电流的大小。

(2) 诊断与处理方法：第一步，首先要判断是否短路。为了便于判断，在复位后，可在输入侧接入一个电压表，重新启动时，从零开始缓慢旋动电位器，同时，注意观察电压表。如果变频器的输出频率刚上升就立即跳闸，且电压表的指针有瞬间回“0”的迹象，则说明变频器的输出端已经短路或接地。第二步，要判断是在变频器内部短路，还是在外部短路。这时，应将变频器输出端的接线脱开，再旋动电位器，使频率上升，如仍跳闸，说明变频器内部短路；如不再跳闸，则说明变频器外部短路，应检查变频器到电动机之间的线路及电动机本身。

### 2. 轻载过电流

(1) 故障特点：轻载过电流负载很轻，却又过电流跳闸，这是变频调速所特有的现象。在 V/f 控制模式下，存在着一个十分突出的问题，即在运行过程中，电动机磁路系统不稳定。其基本原因在于以下两点。

① 电动机低频($f_X$ 下降)运行时，由于电压 $U$ 下降，电阻压降 $I \times r_1$ 所占比例增加，

而反电动势 $E_1$ 所占的比例减小，比值 $E/F$ 和磁通量也随之减小。为了能带动较重的负载，常常需要进行转矩补偿(即提高 $U/f$ 值，也称为转矩提升)。而当负载发生变化时，电阻压降 $I \times r_1$ 和反电动势 $E_1$ 所占的比例、比值 $E/F$ 和磁通量等也随之变化，从而导致电动机磁路的饱和程度随负载的轻重而变化。

② 在进行变频器的功能预置时，通常是以重载时也能带得动负载作为依据来设定 $U/f$ 值的。显然，重载时电流 $I$ 和电阻压降 $\Delta U_r$ 都大，需要的补偿量也大。但是，这样一来，当负载较轻时，$I$ 和 $\Delta U_r$ 较小，必将引起"过补偿"，导致磁路饱和。这种由电动机磁路饱和而引起的过电流跳闸，主要发生在低频、轻载的情况下。

(2) 诊断与处理方法：对于由这种原因引起的过电流的解决方法就是反复调整 $U/f$ 值，直到不发生轻载和低频过电流为止。

### 3. 重载过电流

(1) 故障现象：有些机械在运行过程中负荷突然加重，甚至"卡住"，电动机的转速因带不动而大幅下降，电流急剧增加，过载保护来不及动作，导致过电流跳闸。

(2) 解决方法：

① 当电动机遇到冲击负载或传动机构出现"卡住"现象，引起电动机电流突然增加时，首先了解机械本身是否有故障，如果有故障，则处理机械部分的故障。当负载发生突变、负荷分配不均时，一般可通过延长加/减速时间、减少负荷的突变、外加能耗制动元件和进行负荷分配设计等方法来解决。

② 如果这种过载属于生产过程中经常可能出现的现象，则首先考虑能否加大电动机和负载之间的传动比。适当加大传动比，可减轻电动机轴上的阻转矩，避免出现带不动负载的情况。但此时电动机在最高速时的工作频率必将超过额定频率，其带负载能力也会有所减小，因此传动比不宜加大过多。如无法加大传动比，则只有考虑增大电动机和变频器的容量。

### 4. 升速或降速中过电流

当负载的惯性较大，而升速时间或降速时间又设定得太短时，也会引起过电流。具体而言，在升速过程中，变频器工作频率上升太快，电动机的同步转速迅速上升，电动机转子的转速因负载惯性较大而跟不上去，结果造成升速电流过大而产生过电流；在降速过程中，降速时间太短，同步转速迅速下降，而电动机转子因负载的惯性大仍维持较高的转速，这时同样会因转子绕组切割磁力线的速度太大而产生过电流。

对于由于升速或降速过快引起的过电流，可采取如下措施：

(1) 延长升(降)速时间。根据生产工艺要求是否允许延长升速或降速时间，若允许，则可延长升(降)速时间。

(2) 进行转矩补偿时 $U/f$ 设定值太大，会引起变频器误动作，此时可重新设定电子热继电器的保护值。

(3) 准确预置升(降)速自处理(防失速)功能。变频器对于升、降速过程中的过电流，设置了自处理(防失速)功能。当升(降)速过程中的电流超过预置的上限电流时，将暂停升(降)

速，待电流降至设定值以下时，再继续升(降)速。

### (四) 过电流故障的诊断流程

变频器过电流故障诊断流程图如图 4-5-1 所示。

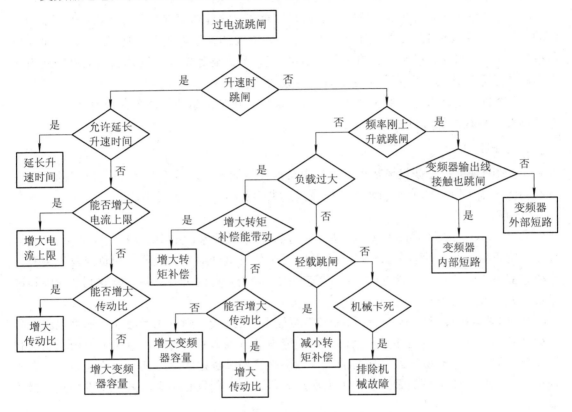

图 4-5-1 变频器过电流故障诊断流程图

## 三、案例分析一：启动过电流

◆ 故障现象：

某厂使用一台三菱 FR-F740L-S110K-CHT 变频器，额定功率为 110 kW，额定输出电流为 205 A，拖动一台 96 kW 泵机。系统在启动过程中，频率达到 15 Hz 时电动机发生堵转，紧接着变频器过电流跳闸，暂停一段时间后再次跳闸，多次重复操作均启动失败。

故障分析与处理：

首先检查变频器参数设置，发现变频器的转矩提升参数(P0)为 2%，由于受该系统工艺流程的影响，出口存在初始压力，当变频器输出频率上升到 15 Hz 时，初始压力最大，造成电动机启动失败。三菱系列变频器有自动转矩提升功能，它根据变频器的实际输出转矩，自动提升补偿，将参数 P98，即电动机的容量设为 96 kW，电动机正常启动。

## 四、案例分析二：变频器过电流

◆　故障现象：

一台西门子 MM440-6SE6440-2UD34-5FA0 变频器，额定功率为 45 kW，拖动一台 37.5 kW 电动机。系统在运行时变频器开关模块爆裂，变频器显示过电流报警。

故障分析与处理：

变频器控制模块爆裂一般有两种情况：一是电动机短路造成变频器过电流；二是变频器内部驱动电路故障造成模块损坏。首先检查电动机，没有发现电动机短路故障，由此可以判断是变频器内部损坏，更换一台同型号的变频器。

更换变频器后，系统仍出现过电流报警，说明不是由于变频器内部故障引起的，再次检查电动机绕组电阻，没有发现异常问题。拆开电动机，发现转子和定子都有刮伤痕迹，仔细检查发现转子刮扫定子固定的某一组绕组，当转子转一周时就刮扫一次，刮扫时发生短路，造成变频器过电流。更换电动机绕组后，故障排除，系统正常运行。

# 项目六　变频调速系统安装与调试

## 一、项目背景及要求

变频器是精密设备，安装和调试必须遵守操作规范，这样才能保证变频器长期安全可靠地运行。安装变频器时要考虑变频器工作场所的温度、湿度、灰尘、振动等情况；使用变频器传动电动机，须考虑谐波抑制问题；变频器系统调试时，在通电前应先进行直观检查。

## 二、知识讲座

### 1. 变频调速系统调试条件

1) 调试工作条件

会审有关的变频调速系统的技术资料、技术文件、施工图纸，协助配合的电气安装工作已经完成；安装质量经验收合格；符合设计、厂家技术文件和施工验收规范，在安装过程中的有关试验已完成，经验收符合有关标准。需掌握的调试技术条件包括：

(1) 变频器的主要技术参数，包括电压、电流、功率、频率范围，及电动机转数、启动时间、制动时间。

(2) 变频器的操作手册中的程序、操作步骤、参数的编程设置、主要保护的内容及参数。

(3) 整个系统的控制原理，有关保护及工艺联锁。

(4) 一次设备主回路、二次控制回路的接线图。

调试程序包括以下三部分：

(1) 变频器本体带电调试。

(2) 变频器及电动机空载调试。

(3) 变频器及电动机系统带负荷调试。

2) 送电前检查项目

送电前检查的项目具体有：

(1) 高低压开关柜内一次设备本体试验执行的标准和文件。

(2) 柜内设备的外观检查，着重于螺丝的紧固连接情况、设备的完好情况、主回路的绝缘性能检查及机械联锁检查。查看变频器安装空间、通风情况是否安全并满足相关规定要求，铭牌是否同电动机匹配，控制线是否布局合理，以避免干扰，变频器的进出线接线是否正确，变频器的内部主回路负极端子 N 不得接到电网中线上，各控制线接线应正确无误。根据变频器容量等因素确认是否需要接入输入侧交流电抗器和滤波直流电抗器。一般 22 kW 以上的变频器要接直流电抗器，45 kW 以上的变频器还要接交流电抗器。

变频器调速系统安装与调试

(3) 按随机技术文件提供的测试项目及数据对柜体内继电器、计量用仪表进行检定校验。

(4) 按照原理图设计的要求，二次控制、保护、信号调试动作要可靠、正确，应符合设计。变频器工作状态与工频工作状态的互相切换要确认接触器的互锁，不能造成短路，并且两种使用状态下电动机转向相同。

(5) 大型变频调速系统若设有专用变压器，除按照厂家技术文件要求执行外，在测试项目上，可增加一些测试项目，用于产品质量的把关，如直流电阻和交流耐压试验等。交流耐压试验标准可按 IEC 标准执行或按国标执行。

(6) 根据电缆的电压等级、型号，确保标准试验的实验报告数据完整正确。

(7) 对于大型变频调速系统，变压器至变频器至电动机的主回路电缆，往往是独芯电缆。所以，在电缆头做好以后，要对电缆进行核相，电缆的相序一定准确不得有误。

(8) 当变频器与电动机之间的导线长度超过约 50 m、该导线在铁管或蛇皮管内长度超过约 30 m 时，特别是一台变频器驱动多台电动机的情况，就会导致变频器输出导线对地分布电容很大，此时，应在变频器输出端子上先接交流电抗器，然后接到后面的导线上，最后是负载，以免过大的电容电流损坏逆变模块。在输出侧导线较长(大于 100 m)时，还要将 PWM 的调制载频设置在低频率段，以减少输出功率管的发热，降低损坏的概率。

(9) 电网供电不应有缺相，测定电网交流电压和电流值、控制电压值等是否在规定值，测量绝缘电阻应符合要求(注意，因电源进线端压敏电阻的保护，用高电压兆欧表时要分辨压敏电阻是否已动作)。

(10) 熟悉变频器的操作键。一般的变频器均有运行(RUN)、停止(STOP)、编程(PROG)、数据/确认(DATA/ENTER)、增加(UP、▲)、减少(DOWN、▼)等 6 个键，不同的变频器，其操作键的定义基本相同。此外有的变频器还有监视(MONITOR/DISPLAY)、复位(RESET)、点动(JOG)、移位(SHIFT)等功能键，对这些键要进行模拟调试操作。

3) 变频调速电动机本体试验

本项试验要在变频器通电前，主回路电缆未连接之前完成。

(1) 电动机本体试验参照厂家技术文件执行，一般经与厂家协商可增设直流电阻、极性及旋转方面的试验。如厂家同意还可依据 IEC 标准进行交流耐压试验。

(2) 国产电动机可参照国家有关标准执行。

(3) 做好电动机试运行中的各项技术参数测试工作。

4) 安全防护

(1) 为保证设备的安全，根据电气设备各回路不同的电压等级选择不同兆欧表的电压等级，对设备、电缆、线路进行绝缘测试。

(2) 通电投运前调试的试验报告及安装情况，须经质检部门、甲方确认后方可送电。

(3) 有经审批的试车方案。

(4) 配合调试的工作重点放在一次回路的检查、电缆的校相、变压器及电动机的本体试验上，确保二次回路接线正确无误。

(5) 变频器的调试重点放在掌握手册、操作步骤及各种联锁的相互关系，掌握设备的技术参数上，并要在试运行中记录检验参数的可行性。

5) 质量标准

(1) 对于国产设备，应执行国家有关标准。

(2) 对于国外进口设备，应执行厂家技术文件、IEC 标准或设备所属国家和地区的标准。

(3) 对于国外进口工程，在电气专业的施工方法方面应执行设备所属国的相关标准，并应结合国内相关标准。尤其是电气调试，专业技术性强，对整个电气安装工程起着检验电气设备内在质量的重要作用，要严格把关，确保工程送电、试运行、投产顺利。对进口工程项目不能照搬国内工程的常规施工项目的标准、方法进行调试工作，而应依据 IEC 标准、设备所属国家和地区或制造厂家标准进行调试。

(4) 当有额外的试验项目时，可与国外设备方协商按 IEC 标准和厂家试验标准实施。例如，一次设备的交流耐压试验应经外方认可后根据 IEC 标准实施。

**2. 变频调速系统调试**

1) 变频器的静态调试

(1) 静态调试前检查。

静态调试前检查的主要项目有：

① 盘柜的外观检查。在送电之前，先目测观察控制柜外表有无撞击痕迹，柜内一次、二次设备元器件有无人为损坏、连接是否正确，各元器件之间的电缆连接是否牢靠、控制线路接头是否松动，各个电动机电缆连接是否牢靠，各相对地绝缘是否满足标准要求。

② 盘柜内及盘柜间二次回路接线检查。

③ 通电前应进行系统的模拟测试。

④ 通电前与厂家配合对开关柜、电缆、变压器、变频器、电动机等进行检查确认。

(2) 通电及参数设置。

在完成上述静态检查无误后，按变频调速系统调试方案送电至变频器。通电后，先检测三相电源是否缺相，电源是否稳定，应在允许范围内，观察显示屏，并按产品使用手册变更显示内容，检查有无异常。听、看风机是否运转，有的变频器使用温控风机，一开机不一定转，等机内温度升高后风机才转。

进行变频器带电后的调试、技术参数的测试及设置前，应先读懂产品使用手册，电动机能脱离负载的先脱离负载。变频器在出厂时设置的功能不一定符合实际使用要求，因此需进行符合实际需求的功能设置。对矢量控制的变频器，要按手册设置或自动检测，并在检查设置完毕后进行验证和储存。

2) 变频器空载运行

变频器带机(即接上电动机)空载(即电动机不带负载)调试，下列几步至关重要。

(1) 设置电动机的功率、极对数，以及确定变频器的工作电流。

(2) 压频比(V/f)控制工作方式的选择包括最高工作频率、基本工作频率(即基底频率)和转矩类型等项目。

(3) 按照变频器使用说明书对其电子热继电器功能进行设置。

(4) 将变频器设置为自带键盘操作模式，按变频器自带键盘的运行键、停止键，观察电动机是否能正常地启动、停止。将电动机所带的负载脱离或减轻，做以下空载运行检查：

① 检查进线和出线电压，听电动机运转声音是否正常，检查电动机是否反转，如果反

转,则要进行电动机接线校正。

② 改变运行频率,在不同的运行频率下运行观察,注意检查电动机温升情况及加减速是否平滑等。加速、减速时间的设置应满足设备运行速度的要求,同时不应在正常加速、减速过程中出现变频器过电流、过电压等引起的跳闸现象。不能满足升速要求的应考虑加大变频器容量;降速出现问题时,应选用制动单元。

③ 观察各频率点下电动机是否有异常振动、共振、声音不正常现象,如有共振应使用变频器跳频功能,避开该点。

④ 按设置的程序从头到尾试一遍。

⑤ 模拟日常会进行的操作,将各种可能操作做一遍。

⑥ 听电动机因调制频率产生的振动噪声是否在允许范围内,如不合适可更改调制频率,频率选高了振动噪声减小,但变频器温升增加,电动机输出力矩有所下降,可能的话,调制频率低一些为好。

⑦ 测量输出电压和电流的对称程度,对电动机而言不得有 10% 以上不平衡。

3) 变频器负载试运行

变频器负载(即变频器接上电动机并且电动机带上负载)运行调试的检查项目有:

(1) 手动操作变频器面板的运行停止键,观察电动机运行停止过程及变频器的显示屏,看是否有异常现象。对于低速重负荷的恒转矩负载,启动时变频器时常出现电流保护动作或位能负载溜车现象,这些现象发生的原因是启动力矩不够。解决的方法是提高低频时的启动力矩。应适当加大转矩的提升值(实际为低频电压补偿),提升转矩过大会加剧电动机低速铁芯过饱和引起电动机发热。如果变频器故障仍不能排除,应更换更大一级功率的变频器。如果变频器带动电动机在启动过程中达不到预设速度,可能有以下两种情况:

① 系统发生机电共振,可从电动机运转的声音进行判断。解决办法是采用设置频率跳跃值的方法,可以避开共振点。一般变频器能设置三级跳跃点。

② 电动机的转矩输出能力不够。不同品牌的变频器出厂参数设置不同,在相同的条件下,带载能力不同,也可能因变频器控制方法不同,造成电动机的带载能力不同;或因系统的输出效率不同,造成带载能力差异。对于这种情况,可以增加转矩提升量的值。如果达不到,可用手动转矩提升功能,不要设置过大,电动机这时的温升会增加。如果仍然解决不了问题,应改用新的控制方法,比如日立变频器采用 $U/f$ 值恒定的方法,启动达不到要求时,改用无速度传感器空间矢量控制方法,它具有更大的转矩输出能力。对于风机和泵类负载,应减少转矩的曲线值。

(2) 按正常负载运行,用钳形电流表测各相输出电流是否在预定值之内(观察变频器显示电流也可,两者略有差别)。

(3) 对有转速反馈的闭环系统要测量转速反馈是否有效,做一下人为断开和接入转速反馈,看一看对电动机电压、电流、转速的影响程度。

(4) 检查电动机旋转平稳性,加负载运行到稳定温升时(一般 3 h 以上),电动机和变频器的温度是否太高,如太高应调整,可从改变负载、频率、$U/f$ 曲线、外部通风冷却、变频器调制频率等参数着手。

(5) 测试电动机的升/降速时间是否过快或过慢,不适合应重新设置。检查此项设置是否合理的方法是先按经验设定加、减速时间，若在启动过程中出现过电流，则可适当延长加速时间；若在制动过程中出现过电压，则适当延长减速时间。

(6) 测试各类保护的有效性，在允许范围内尽量多进行一些非破坏性的保护确认。如果变频器在限定的时间内仍然有保护动作，应改变启动/停止的运行曲线，从直线改为 S 形、半 S 形线或反 S 形、反半 S 形线。电动机负载惯性较大时，应该采用更长的启动/停止时间，并且根据其负载特性设置运行曲线类型。

如果变频器仍然存在运行故障，应尝试增加最大电流的保护值，但是不能取消保护，至少应留有 10%~20% 的保护余量。

(7) 按现场工艺要求试运行 24 小时，随时监控，并做好记录作为今后工况数据对照。

在手动负载调试完成后，如果系统中有上位机，将变频器的控制线直接与上位机控制线相连，并将变频器的操作模式改为端子控制，根据上位机系统的需要，进行系统调试。

4) 低压变频器的调试

(1) 空载检查及参数预置。

可以在不接通主电源，而只接控制电源的情况下，检查低压变频器。小功率变频器可以把主接线端子排上的短路片去掉，接入 380 V 电源；大功率变频器一般都有控制电压输入端子，可用一电缆接入 380 V 电源(注意：接之前应将两端子上与三相输入相连的两根线去掉)。参照说明书，熟悉键盘的使用方法，即了解键盘上各键的功能，进行试操作，并观察显示的变化情况。按说明书要求进行"启动""停止"等基本操作，观察变频器的工作情况是否正常，同时进一步熟悉键盘的操作。

上述模拟操作完成后，变频器开机，频率升至 50 Hz，用万用表(最好用指针式)测量电压，三相输出电压应平衡。按照说明书介绍的方法对主要参数进行预置，并就几个较易观察的项目(如升速和降速时间、点动频率、多挡转速时的各挡频率等)，检查变频器的执行情况是否与预置的相符合。

模拟操作和检查完成后，变频器停电，小功率变频器可将拆下的短路片接回原处(注意，接之前主回路上短路片的两个端子要放电)。大功率变频器应将控制端子的两根外接线去掉，并将原来的接线恢复。

(2) 空载运行。

检查变频器外接控制线接线是否正确和牢固可靠，变频器的三相输出先不接电动机线，给变频器的三相接入 380 V 电源，启动变频器，检查和测试变频器空载运行情况。

(3) 负载运行。

经空载运行检查和测试，证明变频器是正常的，就可以带负载运行。变频器的负载运行包括轻载试运行和重载运行(即正常运行)。

试运行前一般都应检测一下电动机的绝缘，绝缘电阻不能低于要求的规范值。将变频器的输出接上电动机线，变频器送电，用键盘启动变频器做以下试运行及试验：

① 点动或在低频下试运转。观察电动机的正反转方向，若是反转，可利用变频器的正反转端子调整，或停电后调整变频器的输出接线。有的机械可能不允许反转，这时就应当将电动机与机械的联轴器拆开，点动控制电动机空转，调整好转向后再将联轴器连接好。

② 启转试验。使工作频率从 0 Hz 开始慢慢增大，观察拖动系统能否启转、在多大频

率下启转，如启转比较困难，应设法加大启动转矩。具体方法有：加大启动频率、加大 $U/f$ 值以及采用矢量控制等。

③ 启动试验。将给定信号加至最大，观察启动电流的变化，并观察整个拖动系统在升速系统中运行是否平稳。如因启动电流过大而跳闸，则应适当延长升速时间。如在某一速度段启动电流偏大，则设法通过改变启动方式(S 形、半 S 形等)来解决。

④ 停机试验。将运行频率调至最高工作频率，按停止键，观察拖动系统的停机过程。观察停机过程中是否出现因过电压或过电流而跳闸，如有，则应适当延长降速时间。观察当输出频率为 0 Hz 时，拖动系统是否有爬行现象，如有，则应加入直流制动。

⑤ 拖动系统的负载试验。负载试验的主要内容有：

a. 如 $f_{max}>f_N$，则应进行最高频率时的带载能力试验，也就是在正常负载下能否带得动。

b. 在负载的最低工作频率下，应考察电动机的发热情况。使拖动系统工作在负载所要求的最低转速下，施加该转速下的最大负载，按负载所要求的连续运行时间进行低速运行试验，观察电动机的发热情况。

c. 过载试验可按负载可能出现的过载情况及持续时间进行试验，观察拖动系统能否继续工作。

调整完后，变频器正式负载运行，一般应观察 24 小时以上。

## 三、案例分析：恒压供水系统的安装、调试与保养

本书在情景三项目二中讲解过恒压供水系统的解决方案。本项目讲解恒压供水系统的安装、调试与保养。

变频恒压供水系统是根据生产、生活等工程用水的要求而研发的，它是变频技术、自动调节控制技术、传感器技术综合应用的复杂系统。

### 1. 变频恒压供水设备的安装与调试

(1) 所有设备就位后，用水平仪找平，其纵横水平度应小于 0.1%。

(2) 供水设备安装找平后，用膨胀水泥对基础进行二次灌浆，保养 24 小时后再进行配管。

(3) 电动机接线后，单独通电确认旋转方向，保证与标准箭头所指方向一致。

### 2. 变频恒压供水设备的使用与操作

(1) 检查水泵与电动机固定是否良好，螺丝有无松动脱落。

(2) 用手盘动靠背轮，水泵转子应转动灵活，内部无摩擦和撞击声。检查各轴承的润滑是否充分。

(3) 有轴承冷却水时，应检查冷却水是否畅通。

(4) 检查泵端填料的压紧情况，其压盖不能太紧或太松，四周间隙应相等，不应有偏斜以致某一侧与轴接触。

(5) 检查水泵吸水池中水位是否在规定水位以上，滤网上有无杂物。

(6) 检查水泵出入口压力表是否完备，指针是否在零位，电动机电流表是否在零位。

(7) 用低压摇表检测电动机绝缘情况，应大于 0.5 MΩ 以上。

**3. 变频恒压供水设备的维护与保养**

(1) 设备在投入运行前应对系统进行清理、吹扫，以免杂质进入泵体造成设备损坏。

(2) 水泵不应在出口阀门全闭的情况下长期运转，也不应该在性能曲线中驼峰处运行，更不能空运转，当轴封采用盘根密封时允许有 10～20 滴/分钟的泄漏。

(3) 泵在运行过程中，轴承温度不能超过环境温度 35℃，最高温度不得超过 80℃。

(4) 水泵每运行 500 小时，应对轴承进行一次上油。

(5) 设备长期停运应采取必要措施，防止设备玷污和锈蚀，冬季停运应采用防冻、保暖措施。

(6) 运行设备应视水质情况实行前期排污。

(7) 每年请专业人员对设备进行至少两次的清洗、维护，检测设备组件的性能，根据情况选择更换。

(8) 要停止使用时，先关闭闸阀、压力表，然后停止电动机。

# 附录一　西门子变频器 MM440 系列故障代码表

| 故障代码 | 故障现象/类型 | 故 障 原 因 | 解 决 方 法 |
|---|---|---|---|
| F0001 | 过电流 | 电动机功率(P0307)与变频器的功率(r0206)不匹配 | 检查电动机功率(P0307)与变频器的功率(r0206)是否匹配 |
| | | 电动机的导线短路 | 电缆的长度不得超过允许的最大值 |
| | | 有接地故障 | 电动机的电缆和电动机内部不得有短路或接地故障 |
| | | — | · 输入变频器的电动机参数必须与实际使用的电动机参数相符合；<br>· 输入变频器的定子电阻值(P0350)必须正确无误；<br>· 电动机的冷却风道必须畅通，电动机不得过载；<br>· 增加斜坡上升时间(P1120)；<br>· 减少"启动提升"的强度(P1312) |
| F0002 | 过电压 | 直流回路的电压(r0026)超过了跳闸电平(P2172) | · 检查电源电压(P0210)，确保其在变频器铭牌规定的范围以内；<br>· 直流回路电压控制器必须投入工作(P1240)，而且正确地进行了参数化；<br>· 斜坡下降时间(P1121)必须与负载的转动惯量相匹配；<br>· 实际要求的制动功率必须在规定的限定值以内 |
| F0003 | 欠电压 | 供电电源故障 | 检查电源电压(P0210)，确保其在变频器铭牌规定的范围以内 |
| | | 冲击负载超过了规定的限量值 | 检查供电电压是否短时掉电，或有短时的电压降低 |
| F0004 | 变频器过温 | 变频器运行时冷却风量不足 | 变频器运行时冷却风机必须正常运转，调制脉冲的频率必须设定为缺省值 |
| | | 环境温度太高 | 检查环境温度是否太高，超过了变频器的允许值 |

续表一

| 故障代码 | 故障现象/类型 | 故 障 原 因 | 解 决 方 法 |
|---|---|---|---|
| F0005 | 变频器 I2T 过温 | 变频器过载 | 检查负载的工作周期时间,确保其在规定的限制值以内 |
| | | 变频器负载工作周期时间太长 | 电动机功率(P0307)与变频器的功率(r0206)匹配 |
| | | 电动机功率(P0307)超过了变频器的功率(r0206) | |
| F0011 | 电动机 I2T 过温 | 电动机过载 | • 负载过大或负载工作周期时间太长,标称的电动机温度超限值(P0626~P0628)必须正确;<br>• 电动机 I2T 过温报警电平(P0604)必须与电动机的实际过温情况相匹配 |
| F0012 | 变频器温度信号丢失 | 变频器(散热器)的温度传感器断线 | |
| F0015 | 电动机温度信号丢失 | 电动机的温度传感器开路或短路,如果监测到温度信号已经丢失,温度监控开关便切换为监控电动机的温度模型 | |
| F0020 | 电源断相 | 如果三相输入电源电压中有一相丢失,则出现故障,但变频器的脉冲允许输出,变频器仍然可以带负载 | 检查输入电源各项的线路 |
| F0021 | 接地故障 | 如果三相电流的总和超过变频器额定电流的 5%时,则出现这一故障 | |
| F0022 | 功率组件故障 | 下列情况将引起硬件故障(r0947 = 22 和 r0949 = 1):<br>(1) 直流回路过流 = IGBT 短路 | 永久性的 F0022 故障:检查 I/O 板,确保其完全插入插座中 |
| | | (2) 制动斩波器短路 | 当变频器的输出侧或 IGBT 中有接地故障或短路故障时,断开电动机电缆就能确定是哪种故障 |
| | | (3) 接地故障 | 在外部接线都断开(电源接线除外),而变频器仍然出现永久性故障的情况下,几乎可以断定变频器一定存在缺陷,应该进行检修 |

续表二

| 故障代码 | 故障现象/类型 | 故 障 原 因 | 解 决 方 法 |
|---|---|---|---|
| F0022 | 功率组件故障 | (4) I/O 板插入不正确 | 偶尔发生的 F0022 故障：突然的负载变化或机械阻滞 |
| | | — | • 斜坡时间很短；<br>• 采用无传感器矢量控制功能时参数优化运行得很差；<br>• 安装有制动电阻时，制动电阻的阻值太低 |
| F0023 | 输出故障 | 输出的一相断线 | |
| F0024 | 整流器过温 | 通风量不足 | 变频器运行时冷却风机必须处于运转状态 |
| | | 冷却风机没有运行 | 脉冲频率必须设定为缺省值 |
| | | 运行环境的温度过高 | 检查环境温度是否高于变频器运行的允许值 |
| F0030 | 冷却风机故障 | 风机不再工作 | • 在安装操作面板选件 AOP 或 BOP 时，故障不能被屏蔽；<br>• 需要更换新风机 |
| F0035 | 在重试再启动时自动再启动故障 | 试图制动再启动的次数超过了 P1211 设定的数值 | 检查电动机是否与变频器正确连接 |
| F0041 | 电动机参数自动检测故障 | 电动机参数自动检测故障 | 1～40：检查电动机参数 P0304、P0311 是否正确 |
| | | 报警值＝0：负载消失 | 检查电动机的接线应该是哪种类型(星形,三角形) |
| | | 报警值＝1：进行自动检测时已达到电流限制值的电平 | |
| | | 报警值＝2：自动检测得出的定子电阻小于 0.1(%)或大于 100(%) | |
| | | 报警值＝3：自动检测得出的转子电阻小于 0.1(%)或大于 100(%) | |
| | | 报警值＝4：自动检测得出的定子电抗小于 50(%)或大于 500(%) | |
| | | 报警值＝5：自动检测得出的电源电抗小于 50(%)或大于 500(%) | |

| 故障代码 | 故障现象/类型 | 故 障 原 因 | 解 决 方 法 |
|---|---|---|---|
| F0041 | 电动机参数自动检测故障 | 报警值＝6：自动检测得出的转子时间常数小于 10 ms 或大于 5 s | |
| | | 报警值＝7：自动检测得出的总漏抗小于 5(%) 或大于 50(%) | |
| | | 报警值＝8：自动检测得出的定子漏抗小于 25(%) 或大于 250(%) | |
| | | 报警值＝9：自动检测得出的转子漏感小于 25(%) | |
| | | 报警值＝20：自动检测得出 IGBT 通态电压小于0.5 V 或大于 10 V | |
| | | 报警值＝30：电流控制器达到了电压限制值 | |
| | | 报警值＝40：自动检测得出的数据组自相矛盾，至少有一个自动检测得出的数据错误 | |
| | | 基于阻抗 Zb 的百分值＝Vmot, nom/sqrt(3)/Imot, nom | |
| F0042 | 速度控制优化功能故障 | 电动机自动检测数据故障 | |
| | | 故障报警值＝0：在规定的时间内不能达到稳定速度 | |
| | | 故障报警值＝1：读数不合乎逻辑 | |
| F0051 | 参数 EEPROM 故障 | 在访问 EEPROM 时发生读出或写入的故障 | • 复位为工厂的缺省值，并重新参数化；<br>• 更新变频器 |
| F0052 | 功率组件故障 | 读取功率组件的参数时出错，或数据非法 | 更新变频器 |
| F0055 | BOP－EEPROM 故障 | 在利用 BOP 拷贝参数，向 BOP 的 EEPROM 存储不挥发的参数时，发生读出或写入的故障 | • 复位为工厂的缺省值，并重新参数化；<br>• 更换 BOP |
| F0056 | 变频器没安装 BOP | 在变频器没有安装 BOP 的情况下试图运行参数的拷贝 | 在变频器上安装 BOP 并重新进行参数的拷贝 |
| F0057 | BOP 故障 | 使用空白的 BOP 复制参数 | 向 BOP 下载参数 |
| | | 使用非法的 BOP 复制参数 | 更换 BOP |

| 故障代码 | 故障现象/类型 | 故 障 原 因 | 解 决 方 法 |
|---|---|---|---|
| F0058 | BOP 存储的信息不兼容 | 当 BOP 安装在其他型号的变频器上时，试图进行参数的拷贝 | 从这一型号的变频器上向 BOP 下载参数 |
| F0060 | Asic 超时 | 内部通信故障 | ·如果故障持续出现，则更换变频器；<br>·与维修部门联系 |
| F0072 | USS 设定值故障 | 在通信报文结束时，不能从 USS 得到设定值 | 检查 USS 通信的主站 |
| F0085 | 外部故障 | 由端子输入信号触发的外部故障 | 封锁触发故障的端子输入信号 |
| F0100 | 监视器(Watchdog)复位 | 软件出错 | 与维修部门联系 |
| F0101 | 功率组件溢出 | 软件出错或变频器的处理器故障 | 运行自测试程序 |
| F0450 | BIST 测试故障 | 故障值 r0949＝1：有些功率部件的测试有故障 | 变频器可以运行，但有的功能不能正常工作 |
| | | 故障值 r0949＝2：有些控制板的测试有故障 | 更换变频器 |
| | | 故障值 r0949＝4：有些功能测试有故障 | — |
| | | 故障值 r0949＝8：有些 I/O 模块的测试有故障 | |
| | | (仅指 MM420) 故障值 r0949=16：变频器开机通电检测时内部 RAM 有故障 | |
| A0501 | 电流限幅 | 电动机的功率与变频器的功率不匹配 | 检查电动机功率(P0307)，确保其必须与变频器的功率(r0206)匹配 |
| | | 电动机的连接导线太长 | 电缆的长度不得超过允许的最大值 |
| | | 存在接地故障 | 电动机的电缆和电动机内部不得有短路或接地故障 |
| | | — | ·电动机的冷却风道是否堵塞，电动机是否过载；<br>·输入变频器的电动机参数必须与实际使用的电动机一致；<br>·输入变频器的定子电阻值(P0350)必须正确无误；<br>·增加斜坡上升时间(P1120)；<br>·减少"启动提升"的强度(P1312) |

续表五

| 故障代码 | 故障现象/类型 | 故 障 原 因 | 解 决 方 法 |
|---|---|---|---|
| A0502 | 过电压限幅 | • 电压达到了过电压的限幅值；<br>• 如果 Vdc 控制器没有激活(P1240＝0)，这一报警信息可能在斜坡下降期间出现 | 如果这一报警信息显示，请检查变频器的输入电源电压 |
| A0503 | 欠电压限幅 | • 供电电源故障；<br>• 供电电源电压和直流回路电压(r0026)低于规定的限幅值 | 请检查变频器的输入电源电压 |
| A0505 | 变频器的 I2T 过温 | 变频器的 I2T 超过了报警电平，如果进行参数化(P0610＝1)，将降低变频器允许的输出电流 | 检查负载状态，确保"工作－停止"周期时间必须在规定限值以内 |
| A0511 | 电动机的过温 | 电动机过载 | 检查 P0611(电动机的 I2T 时间常数)，确保数值设置适当 |
| | | 电动机的工作周期时间太长 | P0614(电动机的 I2T 过载报警电平)的数值应设置适当 |
| A0600 | RTOS 超出限制范围报警 | 超出内部的时间片限制范围 | 与维修部门联系 |
| A0910 | Vdc_max 控制器未激活 | 输入电源电压持续过高 | 检查输入电源电压，确保其在允许范围以内 |
| | | 如果电动机由负载带动旋转，使电动机在再生制动方式下运行，就可能出现这一报警信号 | 负载必须匹配 |
| | | 在斜坡下降时，如果负载转动惯量特别大，就可能出现这一报警信号 | — |
| A0911 | Vdc_max 控制器已激活 | 直流回路最大电压 Vdc_max 控制器已激活，因此，斜坡下降时间将自动增加，从而自动将直流回路电压(r0026)保持在限定值(P2172)以内 | • 检查电源电压，确保不超过铭牌上所标的数值；<br>• 斜坡下降时间(P1121)必须与负载的惯量相匹配 |
| A0923 | 同时要求正向点动和反向点动 | 同时要求正向点动和反向点动，斜坡函数发生器(RFG)的输出频率将停留在当前值，并保持不变 | 不要同时按下正向点动和反向点动按钮 |

# 附录二 三菱变频器故障报警信号及处理方法

| 显示代码 | 参数单元 | 故障名称 | 故 障 原 因 | 检查要点 | 处理方法 |
|---|---|---|---|---|---|
| E.OC1 | OC During Acc | 加速中过电流断路 | 加速运行中,当变频器输出电流达到或超过变频器额定电流的200%时,保护回路动作,变频器停止输出 | · 是否急加速运转;<br>· 输出是否短路,接地 | 延长加速时间 |
| E.OC2 | Steady Spd OC | 恒速中过电流断路 | 恒速运行中,当变频器输出电流达到或超过变频器额定电流的200%时,保护回路动作,变频器停止输出 | · 负荷是否有急速变化;<br>· 输出是否短路,接地 | 取消负荷的急速变化 |
| E.OC3 | OC During Dec | 减速中过电流断路 | 减速运行中(加速、恒速运行之外),当变频器输出电流达到或超过变频器额定电流的200%时,保护回路动作,变频器停止输出 | · 是否急减速运转;<br>· 输出是否短路,接地;<br>· 电动机的机械制动是否过早 | · 延长减速时间;<br>· 检查制动动作 |
| E.OV1 | OV During Acc | 加速时再生过电压断路 | 加速运行中,因过大的再生能量,变频器内部的主回路直流电压超过规定值,保护回路动作,停止变频器输出。电源系统里发生的浪涌电压也可能引起动作 | 加速度是否太缓慢 | · 缩短加速时间;<br>· 用电抗器改善安装功率因数 |
| E.OV2 | Steady Spd OV | 恒速中再生过电压断路 | 恒速运行中,因过大的再生能量,变频器内部的主回路直流电压超过规定值,保护回路动作,停止变频器输出。电源系统里发生的浪涌电压也可能引起动作 | 负荷是否有急速变化 | 取消负荷的急速变化,根据需要使用制动单元或提高功率因数变换器 |
| E.OV3 | OV During Dec | 减速或停止中再生过电压断路 | 减速或停止中,因过大的再生能量,变频器内部的主回路直流电压超过规定值,保护回路动作,停止变频器输出。电源系统呈发生的浪涌电压也可能引起动作 | 是否急减速运转 | · 延长减速时间(使减速时间符合负荷的转动惯量);<br>· 减少制动频度;<br>· 用电抗器改善安装功率因数 |

续表一

| 显示代码 | 参数单元 | 故障名称 | 故 障 原 因 | 检查要点 | 处理方法 |
|---|---|---|---|---|---|
| E.THM | Motor Overload | 电动机过负荷断路(电子过流保护) | 当检测到电动机由于过负荷或低速运行,冷却能力降低,引起电动机过热时,变频器的内置电子过流保护动作,变频器停止输出。多极电动机或两台以上电动机运行时,请在变频器输出侧安装热继电器 | 电动机是否处于过负荷状态 | • 减轻负荷;<br>• 恒转矩电动机时,将 Pr.71"适用电动机"设定为恒转矩电动机 |
| E.THT | INV. Overload | 变频器过负荷断路(电子过流保护) | 变频器输出电流超过额定输出电流的150%,而又不到过电流切断(200%以下)时,为保护输出晶体管,用反时限特性,使电子过流保护动作,变频器停止输出 | 变频器是否处于过负荷状态 | 减轻负荷 |
| E.IPE | Inst.Pwr.Loss | 瞬间停电保护 | | | 恢复电源 |
| E.UVT | UnderVolage | 欠电压保护 | 回路中有大容量电动机启动 | 检查供电系统 | 避免回路中频繁启动的大容量电动机的影响 |
| E.FIN | H/Sink O/Temp | 散热片过热 | 如果散热片过热,温度传感器动作,使变频器停止输出 | • 周围温度是否过高;<br>• 冷却散热片是否堵塞 | 调节周围温度到规定范围内 |
| E.BE | Br.Cct.Fault | 制动晶体管报警 | 制动频率是否正常 | 检查制动频率参数的设置 | 降低设置的制动频率 |
| E.GF | Br. Cct. Fault | 启动时接地过电流保护 | 变频器输出侧(负荷侧)发生接地过电流时,变频器停止输出,Pr.40"启动时接地检测选择"="1"时有效 | 电动机或电缆是否接地 | 排除接地故障 |
| E.0HT | OH Fault | 外部热继电器动作 | 为防止电动机过热,安装在外部的热继电器或电动机内部的温度继电器动作(接点打开),使变频器输出停止。即使继电器接点自动复位,变频器不复位就不能重新启动 | • 电动机是否过热;<br>• 在 Pr.60～Pr.63(输入端子功能选择)中任一个,设定值"7"(OH 信号)是否正确设定 | 降低负荷和运行频率 |

续表二

| 显示代码 | 参数单元 | 故障名称 | 故 障 原 因 | 检查要点 | 处理方法 |
|---|---|---|---|---|---|
| E.OPT | Option Fault | 通信异常 | 使用 RS-485 通信功能时,设定错误或接触(接口)不良时,变频器停止输出 | 接口是否牢固接好 | • 牢固接好;<br>• 与经销商或营业所联系 |
| E. PE | Corrupt Memry | 参数记忆异常 | 存储的参数里发生异常 | 参数写入回数是否太多 | 与经销商或营业所联系 |
| E. PUE | PU Leave Out | PU脱落 | 当通信参数 n17 "PU 脱落检测"设定为"1"的状态下,如果拆下 PU,变频器和 PU 的通信中断,则变频器停止输出 | • FR-PU04 安装是否太松;<br>• 确认通信参数 n17 "PU 脱落检测"的设定值 | 牢固安装好 FR-PU04 |
| E. RET | Retry No Over | 再试次数超出 | 如果在设定的再试设定次数内运行没有恢复,则此功能将停止变频器的输出 | 调查异常发生的原因 | 处理该异常之前的一个异常 |
| E.P24 | | 直流24V电源输出短路 | | 检查 PC 端子是否短路 | 修复短路,需要复位时用面板复位或关断电源重新合闸 |
| E.CTE | | 操作面板电源短路 | | 检查操作面板短路现象 | 修复短路 |
| E.CPU | CPU Fault | CPU 错误 | 如果内置 CPU 算术运算在预定时间内没有结束,变频器自检将发出报警并且停止输出 | | 请与经销商或营业所联系 |
| E.MBI～E.MB7 | | 顺序制动错误 | | 检查抱闸顺序是否正常 | |
| E.3 | Fault 3 | 选件异常 | 通信选件设定错误或接触不良 | 检查选件设定,操作是否有误 | 连接好选件接头插座 |
| E.6 | Fault 6 | CPU错误 | 内置CPU发生通信异常时,变频器停止输出 | | CPU 通信异常错误发生,变频器停止输出,停电复位重新启动 |
| E.7 | Fault 7 | CPU错误 | | | |
| E.LF | E.LF | 输出缺相保护 | 当变频器输出三相中有一相断开时,变频器停止输出 | 检查变频器的输出三相电源是否平衡 | 恢复断开的输出相 |

续表三

| 显示代码 | 参数单元 | 故障名称 | 故 障 原 因 | 检查要点 | 处理方法 |
|---|---|---|---|---|---|
| FN | FN | 风扇故障 | 有内置冷却风扇的变频器，当冷却风扇由于故障或运行与Pr.76"冷却风扇动作选择"的设定不同时，操作面板上显示 FN | 冷却风扇是否异常 | 更换风扇 |
| 0L | 0L | 失速防止 | 加速运行时：当变频器输出电流超过变频器额定输出电流的 150%(*4)以上时，停止频率的上升，直到过负荷电流降低为止，以防止变频器出现过电流断路。当电流降到 150%以下后，再增大频率 | • 电动机是否在过负荷状态下使用；<br>• 转矩提升(Pr.0)是否设定过高 | • 可以改变加减速的时间；<br>• 用 Pr.22"失速防止动作水平"，提高失速防止动作水平，或者用 Pr.156"失速防止动作选择"，不让失速防止动作 |
| | | | 恒速运行时：当变频器输出电流超过变频器额定输出电流的 150% (*4)以上时，降低频率，直到过负荷电流减少为止，以防止变频器出现过电流断路。当电流降到 150%以下后，再回到设定频率 | | |
| | | | 减速运行时：当变频器输出电流超过变频器额定输出电流的 150% (*4)以上时，停止频率的下降，直到过负荷电流减少为止，以防止变频器出现过电流断路。当电流降到 150%以下后，再下降频率 | | |
| PS | PS | PU停止 | 在 Pr.75"复位选择/PU 停止选择"设定的外部运行模式下运行时，用操作面板或参数单元(FR-PU04)的 STOP/RESET 键，实施停止 | 是否在外部运行时，按下操作面板的 STOP/RESET 键，使其停止 | |

续表四

| 显示代码 | 参数单元 | 故障名称 | 故 障 原 因 | 检查要点 | 处理方法 |
|---|---|---|---|---|---|
| UV | UV | 电压不足 | 如果变频器的电源电压下降，则控制回路不能发挥正常功能，电动机的转矩不足，发热增加。因此电源电压降到 AC 115 V 以下时，变频器停止输出 | • 有无大容量电动机启动；<br>• 电源容量是否符合规格 | 检查电源系统设备 |
| Er1 | Control Mode | 写入禁止 | • 在 Pr.77"参数写入选择"设定为"1"(不可写入)的状态进行写入；<br>• 频率跳跃的设定范围重复；<br>• 操作面板没有优先权的状态下进行参数的写入(只限有 RS-485 通信功能的型号) | • 请确认 Pr.77"参数写入选择"的设定值；<br>• 请确认 Pr.31～Pr.36(频率跳跃)的设定值；<br>• 连接 FR-PU04 时，n17＝"0"或"1"的状态下，操作面板的操作无效；<br>• RS-485 接口通信时，操作面板的操作无效 | |
| Er2 | In PU/EXT Mode OPERATOR ERR | 运行中写入错误/模式指定错误 | • 运行中进行参数的写入；<br>• 在外部运行模式下进行参数的写入 | | • 运行停止后进行参数的写入；<br>• 把运行模式设定为"PU 运行模式"后，进行参数的写入 |
| Er3 | Incr I/P | 校正错误 | 模拟输入的偏置，增益的校正值太接近 | 请确认 C3、C4、C6、C7(校正功能)的设定值 | |

西门子变频器的 MM420 系列故障代码详表

西门子变频器 MM410 操作手册

# 参 考 文 献

[1]  姚锡禄. 变频器技术应用[M]. 北京：电子工业出版社，2009.

[2]  李方园. 变频器故障排除 DIY[M]. 北京：化学工业出版社，2009.

[3]  施利春，李伟. 变频器操作实训：森兰、西门子[M]. 北京：机械工业出版社，2007.

[4]  周志敏，纪爱华. 变频器维修入门与故障检修 168 例[M]. 北京：电子工业出版社，2010.

[5]  王廷才，王伟. 变频器原理及应用[M]. 北京：机械工业出版社，2005.

[6]  石秋洁. 变频器应用基础[M]. 北京：机械工业出版社，2012.

[7]  李方园. 变频器原理与维修[M]. 北京：机械工业出版社，2010.